JN087849

テキストシリーズ プラスチック成形加工学 I

流す・形にする・固める

(社)プラスチック成形加工学会 編

森北出版株式会社

●本書のサポート情報を当社Webサイトに掲載する場合があります．下記のURLにアクセスし，サポートの案内をご覧ください．

https://www.morikita.co.jp/support/

●本書の内容に関するご質問は，森北出版 出版部「(書名を明記)」係宛に書面にて，もしくは下記のe-mailアドレスまでお願いします．なお，電話でのご質問には応じかねますので，あらかじめご了承ください．

editor@morikita.co.jp

●本書により得られた情報の使用から生じるいかなる損害についても，当社および本書の著者は責任を負わないものとします．

再版によせて

本シリーズは，“刊行にあたって”に記されているとおり，プラスチック成形加工業界に対する貢献を目的とし，成形加工学の基礎理論の標準的な教科書として出版を企画したものである．全6巻の内，Ⅰ～Ⅲ巻およびⅥ巻がシグマ出版より刊行され（Ⅳ，Ⅴ巻は未刊），これまでなかったテキストとして，業界の技術者・研究者の教育に活用されてきた．

しかし，事情により販路が途絶えたが，このたび，Ⅰ～Ⅲ巻を森北出版から継続して発行することになった．学会としてもこの上ない喜びであり，今後も業界の教育に活用されることを期待したい．

なお，Ⅳ～Ⅵ巻については，「最先端プラスチック成形加工シリーズ」としてⅥ巻の改訂を含めて，プラスチックスエージより新たに刊行することとした．

最後に，編集委員の所属ならびに執筆者略歴は，発行当時のまま掲載していることをお断りしておきたい．

2011年9月

㈳プラスチック成形加工学会
出版担当理事・副会長　梶原稔尚

テキストシリーズ「プラスチック成形加工学」刊行にあたって

すべての技術革新は，科学を組織的に応用することによってなされるといわれる．プラスチック成形加工のように，さらに新しい局面を拓いていかなければならない技術分野では，これまで得られた知識を理解し体系づけることによって未知の現象の予測をできるようにすることが望まれる．このシリーズは，プラスチック成形加工を志す学生や技術者を対象にして，プラスチック成形加工学で理論的に解明されている成果や手法を，現場の問題解決に役立つものを選び，入門書にふさわしい形で，より具体的にわかりやすく説明するものである．

プラスチック成形加工理論に関する成書にはすでに優れたものがあるが，多くは理論の展開に重きを置いていて，現場の問題にその成果を適用するのには説明を補足する必要がある．一方，重要であるがわかりにくい問題については理論で扱えないからと何も触れずに済ませている．

成形現場の問題に立ち入ろうとすると，工学としてわかっていない事項も入ってくる．現実には，これにも挑戦する必要がある．限界はあるが，こういう問題もあえて取り上げた．また，CAEの進展に伴い用語の混乱などがそろそろ話題に登ろうとしている．これらを早く正していくことも必要である．こういう作業を通じて，さらに学会活動の今後の方向を示す指針となればという狙いもある．かくしてできた本テキストシリーズが今後の教育・学習に大いに活用されることを願うものである．

プラスチック成形加工学会には，プラスチック成形加工の科学と技術を振興し，その啓蒙と教育活動を通じて成形加工業界に対して貢献しようという目的がある．平成6年度に法人化を達成したのを記念して，成澤郁夫学会会長の発案でプラスチック成形加工学の基礎理論の標準的な教科書をシリーズとして出版することを企画した．このプラスチック成形加工学は発展中の分野である．今後の展開に応じて息長く改訂を加えていくために，若手にこの仕事を委ねることにして，学会で活躍中の第一線の研究者を集めて執筆担当が決められた．

テキストシリーズの構成は第I巻をプラスチック成形加工学の序論とし，第II巻以降第V巻まででプラスチック成形加工における移動現象，プラスチック材料のミクロ物性・マクロ物性と成形技術との関連および評価・解析技術を説明し，最後の第VI巻を先端成形加工技術のトピックスの紹介に当てる．必然的に，この最後の巻だけは短期に改訂を重ねることになろう．

1996年3月

㈳プラスチック成形加工学会
テキストシリーズ編集委員会
委員長　荒井貞夫

まえがき

各種工業製品・機械・機器の高度化に伴い，プラスチック成形加工に要求される内容は，ますます複雑化･高度化してきている．プラスチック成形加工は，複雑な現象であり，工学的に体系化していくのがむずかしいとされてきた．そのため現在でも，ノウハウに頼る部分が大きい．しかし，ノウハウだけでは，技術改善・改良はできても，飛躍的な技術革新はむずかしい．プラスチック成形加工の飛躍的発展のためには，各技術者・研究者が加工現象の基本概念を体系的に理解することがまず必要である．

プラスチック加工工程の本質を突き詰めて単純な考え方で整理してみると「流す」，「形にする」，「固める」の3つの素過程からなっていることがわかる．各工程は，高分子材料工学，化学工学，機械工学，レオロジー，精密工学などの分野の知見･知識を融合させ体系化することで理解が可能となる．「流す」，「形にする」，「固める」の各素過程の基本概念をマスターすると，分断され継ぎ合わされたプラスチック成形加工でなく，生きた，役に立つプラスチック成形加工が理解できるとともに各工学に共通する工学基礎知識も自然と身につくことになると確信する．飛躍的な技術革新の力をつけることも可能となる．

そこで，この第Ⅰ巻では，本テキストシリーズ全体の導入部として，「流す」，「形にする」，「固める」についての重要な基本概念を体系的に述べることを目的としている．具体的なイメージをつかむことを主目的としているため，数式を使った詳細な記述はできるだけ避けている．

第1章では3つの素過程の，プラスチック成形加工工程における位置づけを述べている．第2～4章では，3つの各素過程におけるプラスチック材料の振る舞いを，材料の性質と成形手法の観点から述べている．第5章では，プラスチック成形加工における機能の付与と成形加工プロセスとの関係を，第6章では所定の形状や機能が製品に付与できない不良現象について記述している．これら2つの章の内容は，第2～4章の内容の応用問題ととらえていただければよい．なお，第Ⅰ巻の内容は金属やセラミックスなども含めたすべての材料に共通な課題であるが，プラスチック材料を用いて説明しているので，プラスチック材料に独特な性質については付録にまとめてある．

いずれの章の説明も，読者はプラスチック材料になって，流されたり，形にされたり，固められたりしているつもりでお読みいただきたい．プラスチック材料に生じる現象や振る舞いを理解するとき，この気持ちは事実大きな助けになるので，まじめにやってごらんになることをお勧めする．

以上述べたように本テキストシリーズ第I巻は，プラスチック成形加工の基本概念の理解という目的でわかりやすい記述によって，成形加工の基本的な考え方をマスターできるように意図されている．この意図がどれほど実現できたかは読者のみぞ知るではあるが，プラスチック成形加工学を新しい切り口からまとめることができたのではないかと自負している．読者の皆様のご意見，ご批判をいただければ幸いである．

1996年3月

第I巻担当編集委員

目　次

付録　成形加工からみたプラスチック材料

第1章　成形加工の概念
「流す・形にする・固める」という概念の浸透

我々の身の回りには，各種食品容器，食器や文房具から家電製品まで，さまざまな大きさ，形状のプラスチック製品が存在し，今日の文化的生活はこれらのプラスチック製品によって支えられているといっても過言ではない．このようなプラスチック製品はプラスチック材料(多くの場合，石油を原料とする合成高分子からなる)を所定の形状に成形してつくられる．このような工程が“成形加工”工程である．

プラスチック成形品の発展の背景には，プラスチック材料が軽量で比強度が高く自由な形状に成形できることに加えて，成形加工工程の高い生産性があるといえる．すなわち，ほとんどのプラスチック成形品は，成形後に後加工を行わず最終品を得ることのできる“net-shape”成形法によって製造されている．したがって，金属製品のように鋳鍛造によって素製品を製造した後，切削・研削などによって仕上げを行うことがないため，1つの製品を得るために要する時間と手間を削減できる．このような net-shape 成形を実現するために，プラスチック成形加工ではプラスチック材料の特質を最大限に利用している．本章ではプラスチック成形加工の概念を基本に立ち戻って概説し，プラスチック成形加工の学理の理解に資することとしよう．

1.1　成形加工の概念と定義

プラスチック成形加工において発現する諸現象を述べるに先立って，プラスチック成形加工の概念と定義を述べる．

プラスチック成形加工(polymer processing)とは，一言でいえばプラスチック材料(polymeric materials)で望みの形状の部品・製品を形づくることである．

プラスチック成形加工の定義には，製造される部品・製品の数による制約はないが，一般的には成形加工といえば1個の部品•製品を形づくるのではなく，同じ形状のものを多数製造することを指すことが多い．したがってプラスチック成形加工では，多数の成形品をいかに高速で製造し(生産性の維持)，成形品の形状をいかに同一に保つか(成形精度の維持)が最大の関心事となる．

プラスチック材料を用いて望みの形状の部品・製品を形づくる方法には，刃物による切削加工や切削加工された部品の溶接・接着による組立などさまざまなものが考えられるが，プラスチック成形加工といえば溶融加工を伴うものを指すことが多い．金属材料の溶融加工では，金属を高温に加熱して融解させることで形状を付与し，これを冷却して固定化しているのに対して，プラスチック材料の溶融と固化は，材料の性質により，加熱・冷却によって溶融・固化させる方法，溶剤によって溶解し溶剤の揮発・除去によって固化させる方法，流動性のある樹脂素材と硬化剤を混合して硬化反応を生じさせる方法などが使い分けられている．材料の種類と流動化・固化の方法との関連については，それぞれ本書第2章，第4章に詳述した．

以上のことから，プラスチック成形加工とは，「溶融•溶解などによって流動性を与えたプラスチック材料に，最終製品とほぼ等しい形状を付与し，固体化して取り出す加工法である」と定義できる．このような成形法で製品を高速に製造し，かつ成形品の精度を維持するため，成形されるプラスチック材料の特質や成形品の形状に合わせて種々の成形法が工夫され利用されている．これらの原理を理解し，さらに優れた成形品を得るためには，成形加工プロセスにおいてプラスチック材料に生じるさまざまな現象を評価し把握することが不可欠である．

1.2　プラスチック材料に生じる現象からみた成形加工プロセス

ここで，プラスチック成形加工の本質を理解するために，プラスチック材料がなぜ加工に用いられるのかを考えてみよう．プラスチック成形加工の根幹部分は，**図1.1**に示すように，

①　プラスチック材料に流動性を与え(＝流す)，

②　それに所定の形状を付与し(＝形にする)，

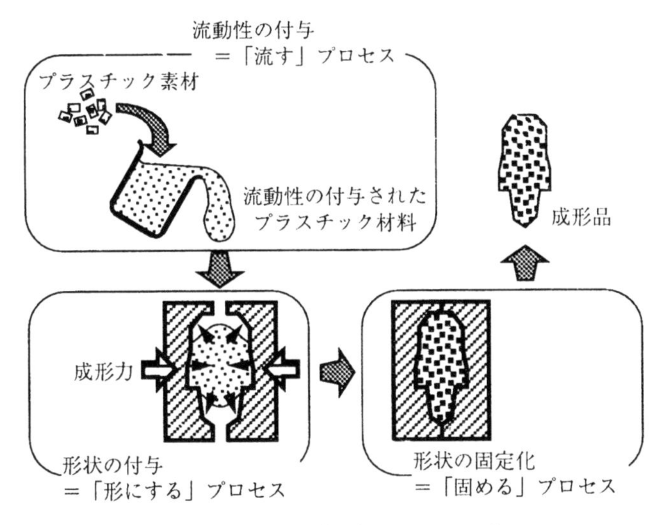

図 1.1　プラスチック成形加工の 3 つのプロセス

③　その後にそれをそのままの形状で固体化する(＝固める)

という 3 つの素プロセスによって構成され，net-shape 成形を実現している．

この「流す・形にする・固める」という 3 プロセスは，成形加工法によってはそれぞれが完全には独立しておらず一部同時に進行することもあるが，この一連の流れが成形加工の基本要素であり，これらを正確に把握し，制御し，あるいは予測することが，望ましいプラスチック成形品を得るための鍵となる．

これらの 3 プロセスを通して，材料を溶かし，これに成形力を加えて所定の形状に変形させ，そのまま固めて製品を得るという点では，プラスチックの成形加工も金属の溶融加工(たとえば鋳造など)も共通している．それでは，プラスチック成形加工を特徴づけているのは何であろうか．それは，プラスチック材料の高分子・粘弾性物質としての特性と，それを成形品に活かす成形加工プロセスである．

プラスチック材料が，流体としての性質と固体としての性質を兼ね備えた粘弾性体であることは，この材料が流動性を有している間も固体化した後も，流体としての性質と固体としての性質の大小関係が変わるだけであることを意味している．この点が，融点を超えて加熱すると溶融して流体としての性質を呈し，それ以下の温度では固体として振る舞う金属などとは決定的に異なっている(それゆえに，前述の3プロセスでは材料に流動性を与える工程を“溶かす”ではなく“流す”と表現している).

このような性質をもつプラスチック材料を所定の形状にするプラスチック成形加工では，プラスチック材料が流体的性質とともにもっている固体的性質が形状を付与する際に障害となることもあるし，逆にこの性質を利用して製品に機能性をもたせることも可能である．したがって，プラスチック成形加工の本質を理解するためには，粘弾性体の変形挙動と同時に，それによって材料内に生じる現象，その現象と成形品の性質の関連，望ましい現象を引き起こすために必要な条件とその条件をつくり出すための手法，成形品の性質を評価するための方法などを把握することが不可欠である.

プラスチック成形加工では，成形される材料が高分子であり，それが粘弾性挙動を示すことから，それにまつわる諸現象を評価し把握するためには，粘弾性体の変形挙動を取り扱う学問である“レオロジー”の知識が要求されることはいうまでもない．しかし，プラスチック成形加工プロセスの諸現象の理解のためには，レオロジーの知見のみでは不十分である．なぜなら，プラスチック成形加工で扱う材料は多岐にわたり，それぞれ固有の性質をもつのみならず，材

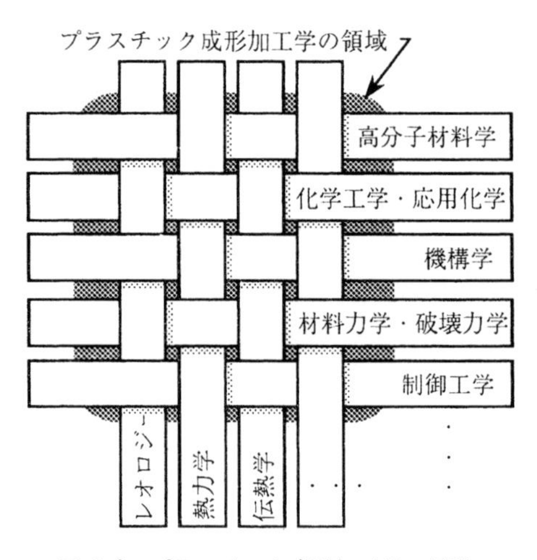

図 1.2　プラスチック成形加工学の領域

料に形状を付与しそれを固定化して成形品を製造する必要上，成形プロセスを通して材料の性質が大きく変化するためである．

プラスチック成形加工の学理は，**図1.2**に示すように，材料の変形と力の関係を扱うレオロジーや材料内の熱移動を扱う伝熱学・熱力学などを縦糸に，材料の物性と分子の化学構造・配列状態の関連を考える化学工学・応用化学・高分子材料学や，加工工程を通して材料に所定の変化を生じさせるための機構学・制御工学・電気電子工学，あるいは材料や成形された製品の物性評価のための材料力学・破壊力学・応用光学などを横糸にした複合学問である．これらの学問領域が相互に複雑に関連し合って“プラスチック成形加工学”という新しい学問領域を形づくっている．それを学ぶことによって成形加工の本質を理解すれば，そのプロセスにかかわる現象を整理して問題解決にあたることができる．

1.3 流す —プラスチック材料への流動性の付与—

プラスチック材料の成形は，形状を付与することができるように，プラスチック材料を柔らかい状態にすることから始まる．プラスチック材料を柔らかい状態にするには，プラスチック材料を加熱して温度を上昇させ，融解・可塑化させる方法がとられる*．

固体状態の熱可塑性プラスチック材料(thermo-plastic resin materials)は，加熱によってある温度を越えると弾性率(elastic modulus)が急激に減少して流動性を呈するようになる．このときに材料内に生じる現象はプラスチック材料の種類(結晶性・非晶性の違い，材料の分子の化学構造・配列状態の種類，単成

* 加熱によってプラスチック材料に流動性を付与できるのは，素材が熱可塑性である場合に限られる．熱硬化性，反応硬化性，あるいは光硬化性プラスチック材料などでは，成形素材の流動性は未硬化の樹脂材料の流動性で決まり，積極的に流動性を付与するものではないため，ここでは触れない．

“プラスチック”という名称が本来，熱可塑性樹脂(thermo-plastic resin)の通称であるため，熱硬化性樹脂(thermo-set resin)の成形品をプラスチック成形品とよぶか否かは議論のあるところであろう．ここでは材料が熱可塑性であるか熱硬化性であるかにかかわらず，樹脂成形品をプラスチックとして取り扱う．しかし，熱硬化性樹脂はRIM(reaction injection molding＝反応射出成形)などを除いては，一般的な成形加工手法によって成形されることが少なく，本書で述べるプラスチック成形加工学は，主に熱可塑性樹脂を対象としているものと考えて差し支えない．

分材料・複合系材料の違いなど）によって異なっているが，いずれにせよ見掛け上は材料が柔らかくなり変形の自由度（流体的性質といってもよい）が増加する．これらの詳細については本書第2章に述べた．プラスチック成形加工ではこの性質を利用して材料への形状の付与のための準備を行う．

材料の溶融には，電気ヒーターの取り付けられた可塑化筒壁や高温の油などの加熱媒体に接触させてプラスチック素材を加熱する方法（図 **1.3**），赤外線ランプなどからの熱ふく射によって非接触に加熱する方法（図 **1.4**）などがとられる．実際の成形加工では，これらのプラスチック素材に直接加えられる熱エネルギー以外に，機械的動力や化学的エネルギーなどが材料の溶融に寄与している場合が多い．すなわち，通常の可塑化筒内には材料を混練すると同時に溶融した材料を移動させるためのスクリューがあることが普通で，これを駆動する動力の

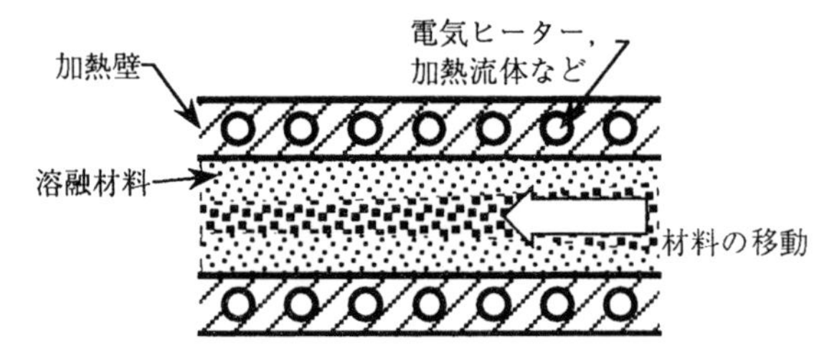

図 1.3　加熱壁による熱可塑性材料の融解

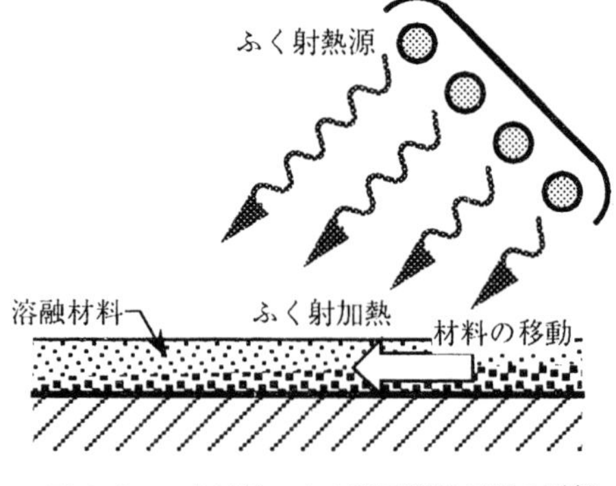

図 1.4　ふく射熱による熱可塑性材料の融解

ほとんどは，最終的にはプラスチック材料内で摩擦熱などの熱に変わるから，この駆動力も材料の溶融に寄与することとなる．また材料内に反応熱などの発熱がある場合にも，これによってプラスチック素材の溶融が促進される．

加熱によるプラスチック材料への流動性の付与には，金属の鋳造などにおける融解とは異なった特徴が存在する．そのひとつは融点（軟化点）の温度が低いことである．プラスチック材料は炭化水素を中心とした高分子からなり，その融点はおおむね 100〜300 °C と金属のそれ（400〜1000 °C 程度）に比べ極めて低い．このことは，プラスチックが金属材料より小さな熱エネルギーの授受によって成形できることを意味すると同時に，成形に必要な機器の材料として一般的な金属が使用でき，それらの加熱・冷却・断熱などが大がかりにならずに済むという副次的な効果をも生む．

プラスチック材料のこの特徴こそが，今日のプラスチック成形加工の発展と普及を推進したといっても過言ではない．しかしながら，このことは同時にプラスチック成形品の耐熱性が金属材料のそれに比べて高くできないことも意味しており，現在，材料面からこの欠点を克服したエンジニアリングプラスチック（いわゆるエンプラ）やスーパーエンプラなどが開発されているが，素材の融点を上昇させれば上記のプラスチック材料の成形の容易さが失われていくことは当然である．

一方，プラスチック材料の融解を熱移動の観点からみれば，プラスチック材料の熱伝導率（thermal conductivity）が金属に比べ格段に小さく，かつ溶融体の粘度（viscosity）が大きいことが指摘できる．これらのプラスチック材料の性質は，融解に必要な熱エネルギーが加熱点から材料内部に伝わりにくく，加熱に伴う自発的な攪拌（かくはん）流動（いわゆる自然対流）も生じないことを示唆している．実際にプラスチック材料を融解する可塑化筒では，スクリューによって融解した材料を強制的に攪拌して，可塑化筒壁近傍の高温材料と内部の低温材料との間の熱交換を促進している．この攪拌による熱交換が不十分なまま可塑化筒ノズル近傍に溶融材料が送られてしまうと，それ以降，材料内の“自発的な”熱交換がほとんど期待できないため，これが溶融材料の温度変動の原因となる．

さらに炭化水素系の高分子からなるプラスチック材料では，融点を越えて温度を上昇させていくと，やがて分解・炭化を生じるという特徴を有している．こ

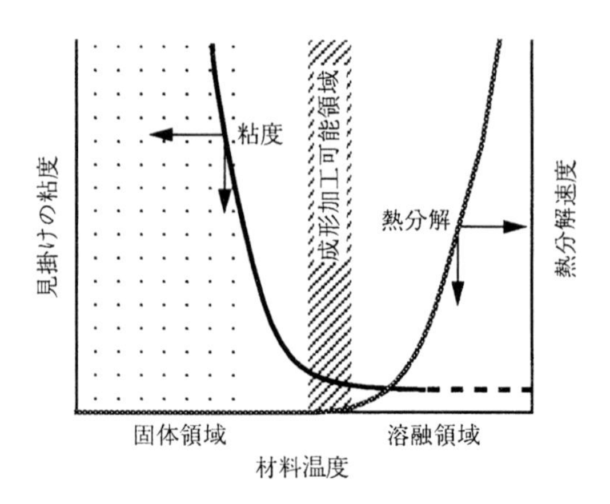

図 1.5　熱可塑性材料の“流す”プロセスの温度

の点が，温度の上昇に伴って蒸発が生じる金属材料とは異なっている．プラスチック材料では融点と熱分解開始温度との間はさほど大きくなく，**図1.5**のようにプラスチック材料に流動性を付与するための加熱はこの狭い隙間を縫って行うことが必要である．このことがプラスチック材料の加熱に多くの制約を与えている．たとえば，プラスチック材料の融解を高速化するために，不用意に可塑化筒壁温度を上昇させたり加熱ふく射熱流束を増加させると，上で述べた材料内の熱移動の悪さと相まって，可塑化筒壁近傍で過度に加熱された材料が熱分解を生じることがある．この意味でプラスチック素材に流動性を付与する際には，材料内の熱移動の評価と制御が重要であるといえる．

1.4　形にする —プラスチック材料への形状の付与—

“流す”プロセスで流動性(流体的性質)を与えられた材料は比較的自由な形に変形できるから，これに力を加えて所定の形状に成形するプロセスが“形にする”プロセスである．流動性を付与された材料の変形は，見掛け上の変形のしやすさが同程度であれば，材料の種類そのものには影響されにくく，むしろ成形力の印加方法や形状の規定方法の影響を強く受ける．

プラスチック材料への形状の付与の方法にはさまざまなものがあるが，大きく分類すればつぎの3つに分けられる．

（a）　型の形状を転写する方法（**図 1.6**）

流動できるプラスチック材料を型(mold)に接触させることで，型に彫り込まれた形状を材料に転写してその形状を決定する方法であり，つぎの 2 通りに細分できる．

(a-1)　雄型と雌型の双方を用い，雄型と雌型の間の隙間（キャビティ）に材料を挟み込んで成形するもの（**図 1.6**(a)，射出成形(injection molding)やプレス成形(press forming)など）．

(a-2)　雌型のみを用い，その表面に流動性のある材料を張り付け，その裏面を気体や液体の圧力あるいは遠心力などで押して雌型表面の形状を材料に転写するもの（**図 1.6**(b)，ブロー成形(blow molding)や真空成形(vacuum forming)，スピンキャスト成形(spin-cast forming)など．

これらの方法では，成形後のプラスチック素材の固化を型への熱移動による材料の冷却で実現するため，型には熱移動に優れた金属製のものを用いることが普通である．

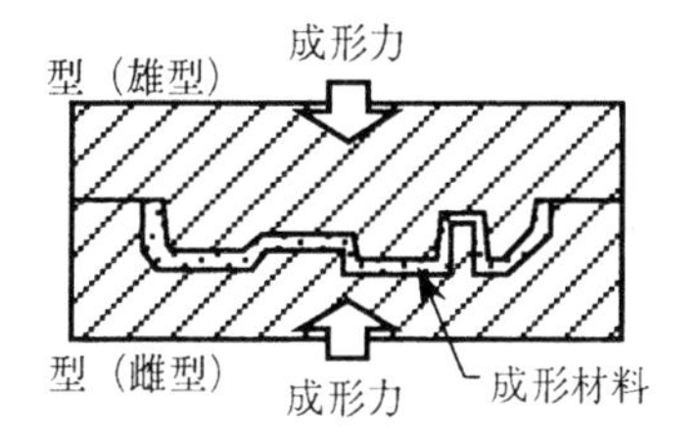

(a)　雄型と雌型の隙間に材料を挟み込む

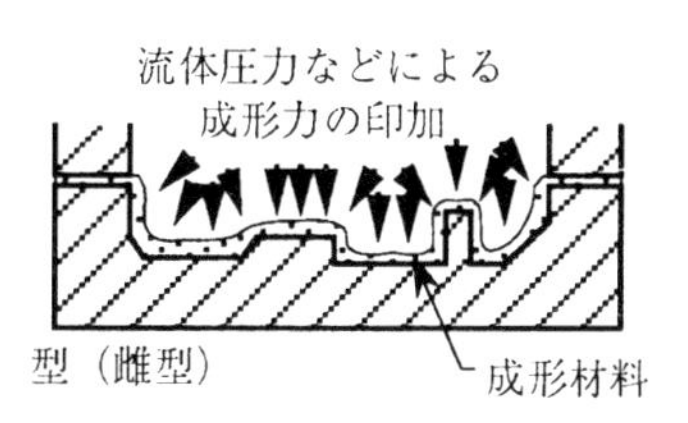

(b)　雌型表面に材料を流体力などで押しつける

図 1.6　型の形状を転写する“形にする”プロセス

（b）　絞り口の形状を材料外表面に連続的に転写する方法（**図 1.7**）

流動できるプラスチック素材を絞り口（ダイ＝die）から押し出して棒状の材料を成形する際に，絞り口の形状を材料外表面に連続的に転写する方法であり，押出(extrusion)成形，引抜(die drawing)成形などがその代表である．この方法が成立するためには，絞り口から押し出された材料の形状がその後変化しないことが重要であり，その実現には押し出される材料の流動性の程度と後の材料の固化の制御が鍵となる．

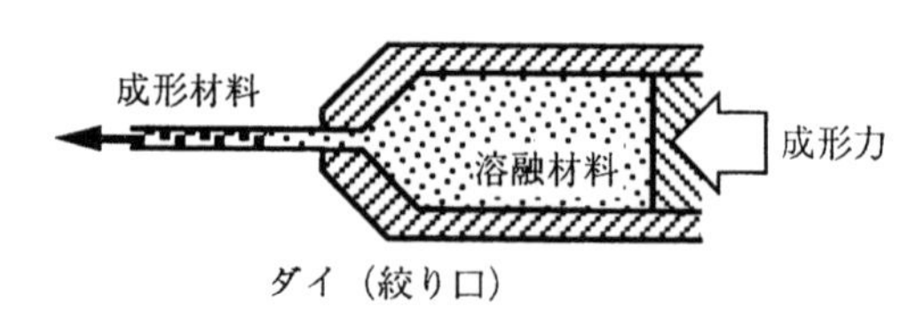

図 1.7　絞り口の形状を連続的に材料に転写する

（c）　材料の自由変形によって形状を付与する方法（図1.8）

流動できるプラスチック素材に外力を加えて自由変形させ形状を付与する方法で，紡糸(fiber spinning)やフィルム成形(film casting, film blowing)がこの範疇に入る．これらの成形では，自由変形以前の材料にある程度の形状を付与してから成形を行うことが多く，ほとんどの場合(b)の押出成形と組み合わせて用いられる．成形品の形状を決定する因子としての自由変形の程度は，変形中の材料内の流動性の分布によって決まる．流動性の分布は固化によって支配されるので，良好な成形品を得るためには材料の固化管理が極めて重要である．

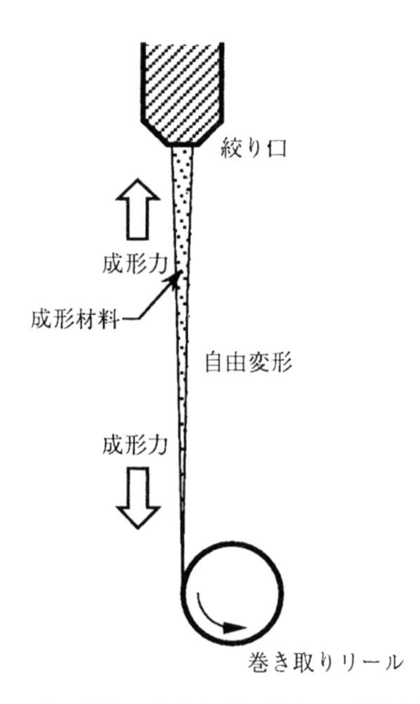

図 1.8　成形材料の自由変形を利用して形状を付与する

これらの成形のうち，(a-1)の方法は金属の鋳造で用いられるものと基本的に同一であるが，(a-2)～(c)の方法は金属の溶融加工では実現しにくい手法である．なぜなら，これらの成形法では，流動性のあるプラスチック材料の流体的性質だけでなく，弾性などの固体的性質をも利用しているのに対し，溶融状態にある金属は流体的性質しかもっていないからである．

いずれの成形方法を用いるにせよ，プラスチック成形加工における形状の付与の最大の特徴は，最終成形品の寸法・形状がこの段階でほぼ決定されることである．すなわち，金型を用いる成形法では，金型表面の形状は最終成形品のそれに等しいものとなっていることが普通であり，逆にいえば金型に形づくられた形状をできる限り忠実に成形品に転写することが形状の付与の目的となる．金属の鋳造などでは成形後の収縮を考慮した型を用いるのに対して，プラスチックではこのような成形が実現できるのは，プラスチック材料の融解温度が低く固化するまでの収縮が小さいためである．

図 1.6～1.8 の成形法を形状の付与に要する力の伝播の観点からみれば，つぎの 2 つに分類できる．

(a) プラスチック材料を型面に直接押しつけるように成形力を印加するもの **(図 1.9)**

型に作用する力や材料に働く遠心力などで，流動性をもったプラスチック材料を直接型面に押しつけて形状を付与するものである．ブロー成形，真空成形のように流体力を介してプラスチック材料を型面に押しつける場合にも，圧力伝播媒体が一般の流体で，そのなかの圧力がほぼ均一であると考えられるから，この範疇に分類できる．

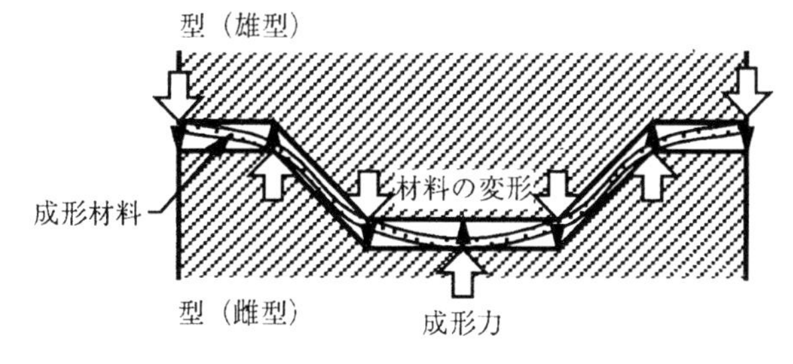

図 1.9 成形力が直接材料を変形させる

（b）　プラスチック材料の一部に力を印加して材料内の力の伝播によって形状を付与するもの（**図 1.10**）

成形材料の一部に圧縮力，引張力を印加し，プラスチック材料内の力の伝播によって成形を行う方法で，圧縮力を印加する方法の代表が射出成形や押出成形であり，引張力を印加するものの代表が引抜成形，紡糸，フィルム成形である．成形材料はその内部の質量と力の釣り合いに基づいて変形し最終的な形状となる．

前者のほうが，プラスチック材料に対して成形力が直接的に作用するから，より高度な形状の付与が行い得る．しかし材料に作用する遠心力や圧力伝播媒体を介して成形する方法では成形力をあまり大きくできないこと，型による圧縮力で成形を行う場合には成形品の部位ごとの成形力分布の制御がむずかしいことなどから，大きな成形品の精密成形には向かない．

一方，後者は，成形のための外力がプラスチック材料内の一部に離散的に作用するため，その制御は比較的容易であるが，実際に形状を付与するために生じるプラスチック材料の変形が外力作用点から離れた位置で生じるため，その間の材料の流動性の程度やその分布が成形性に大きく影響するという問題点も指摘されている．本書第3章では，形状の規定方法，成形材料に印加される力と具体的な成形法の関係や，それにまつわる問題点について述べてある．

これらの形状の付与のプロセスでは，単にプラスチック材料の形状を決定するにとどまらず，成形品に種々の機能を付与することが行われている．たとえば紡糸やフィルム成形では，プラスチック材料を所定の形状にするだけでなく，プラスチックを構成する高分子鎖を一定方向に配列して，その強度を増加させている．また，射出成形では，異なる材質あるいは色のプラスチック材料を金

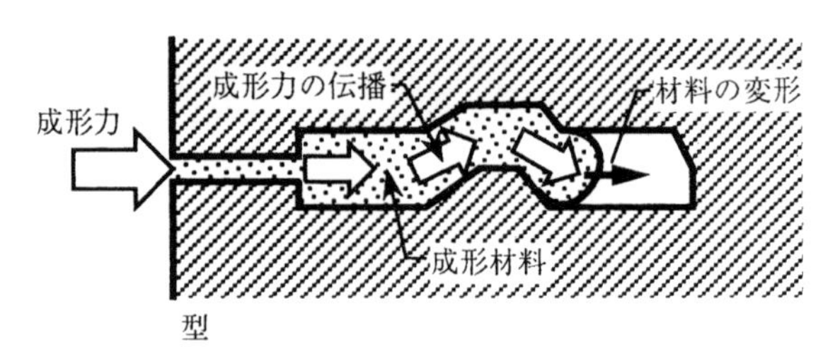

図 1.10　材料内を伝播する力によって材料を変形させる

型内に同時に注入して，表層部と内部の性質の異なる成形品を得る手法が用いられることがある(二色成形法)．これは，プラスチック材料に形状を付与する際に必ず発生する変形(流れ)とプラスチック材料の高分子としての性質との相互作用を利用したものである．これらについては本書第5章に詳述してある．

1.5　固める ―プラスチック材料の固定化―

前節の“形にする”プロセスで形状を付与されたプラスチック材料は，そのままでは，さらに外力が印加されれば変形し所定の形状を維持できない．そこでその形状を維持したまま固化するプロセスが必要である．このため，“固める”プロセスは形にするプロセスに連続して行われる．

固めるプロセスは，成形されるプラスチック材料が熱可塑性であるか熱硬化性であるかによって大きく異なる．熱可塑性である多くのプラスチック材料では，加熱によって付与された材料の流動性はそれを冷やすことでなくすことができる．したがって，熱可塑性プラスチック材料における“固める”プロセスは，“冷やす”プロセスと読み換えてもよい．一方，熱硬化性プラスチック材料，反応硬化性プラスチック材料の成形加工では，形状を付与された材料の温度を上昇させ，硬化反応を促進することで成形材料を固体化する．また光硬化性プラスチック材料では形状を付与した材料に光(多くは紫外線)を照射することで形状を固定する．

熱可塑性プラスチック材料に対する“固める”プロセス，すなわち“冷やす”プロセスは熱工学的にはつぎの2つに分類される．

(a)　型への接触熱伝導による冷却(**図1.11**)

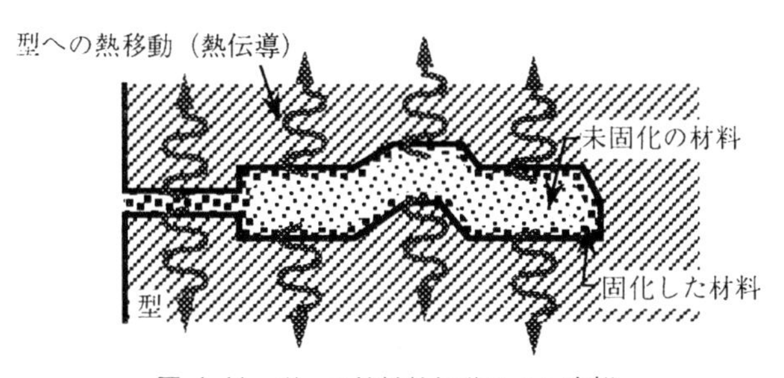

図 1.11　型への接触熱伝導による冷却

加熱によって流動性を付与され，型の形状を転写することで成形されたプラスチック材料を，その形状を維持したまま冷却するための最も簡単な方法は，型の温度を下げて材料から型への熱移動を生じさせることである．このような冷やすプロセスは，ほとんどの型を用いる成形プロセスで用いられている．プラスチック材料の冷却を促進するために，型の材料には熱伝導率・熱容量ともに大きな金属が用いられることが普通である．

（b）　冷却媒体への伝熱による冷却(図1.12)

押出・引抜成形や紡糸，フィルム成形のように，形状を付与された材料が型などの固体壁と接触しない場合には，プラスチック材料の冷却は低温の流体への熱移動によって行われることが多い．紡糸やフィルム成形では，成形された材料の熱容量が小さいため周囲の空気への熱伝達でも十分固体化できるが，比較的太い押出・引抜成形体や，繊維・フィルムでも高速に冷却する必要がある場合には，より熱伝達に優れた液体(多くの場合は水)を冷却媒体に用いる．

前者の冷却プロセスにおいては，プラスチック材料は型内に留まっているため，材料内の熱移動は時間とともに温度の変化する非定常熱移動になる．これに対して後者では，成形されたプラスチックは連続的に移動しつつ冷却されるから，これを外部からみれば温度分布が時間とともに変化しない定常熱移動として取り扱える．成形プロセスにおける熱移動の詳細については本エキストシリーズ第II巻を参照されたい．なお，これらの冷やすプロセスで材料を固化させる際に，冷却速度が固化した材料の性質に影響することがある．このような現象については本書第4章に詳述した．

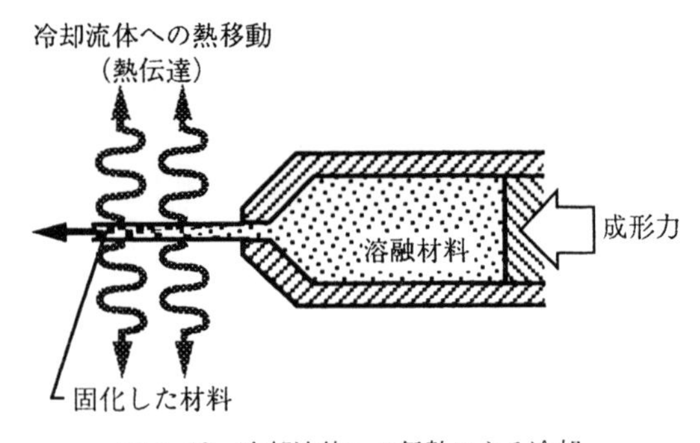

図 1.12　冷却流体への伝熱による冷却

一方，熱硬化性，反応硬化性のプラスチック材料の“固める”プロセスは，材料内の自発的な化学反応を利用して行われる．このための準備，具体的には反応材料を混合するプロセスは，材料に形状を付与する直前の段階で行われるのが普通であり，その後，材料内の化学反応の進展によって自動的に硬化する．一般には，この硬化反応を促進するためにプラスチック材料を加熱することが多い．この加熱も，形状を付与するための金型内で行う場合と，ある程度硬化が進んだ後，型の外部へ成形材料を取り出して行う場合とがある．いずれにせよ成形されたプラスチック材料を加熱して硬化を促進する場合には，熱可塑性プラスチック材料の冷却による固めるプロセスと同様，材料内の熱移動の把握が硬化反応の予測の鍵を握っている．

さらに光硬化性プラスチック材料では，材料の固化が硬化反応のトリガーとなる光の照射によって始まるため，形状を付与された材料に光を照射することが固めるプロセスに相当する．ただし光の照射によって硬化する材料の厚さがあまり大きくないため，硬化性プラスチック材料はもっぱら印刷用の製版やラピッドプロトタイピング(いわゆる光造形)に用いられている．これらの成形では，**図 1.13** に示すように，未硬化のプラスチック材料のプールに光を照射して表面近傍の硬化させたい部位のみの形状を固定化している．すなわち，これらの成形では形にするプロセスと固めるプロセスが完全に一致しているといえる．

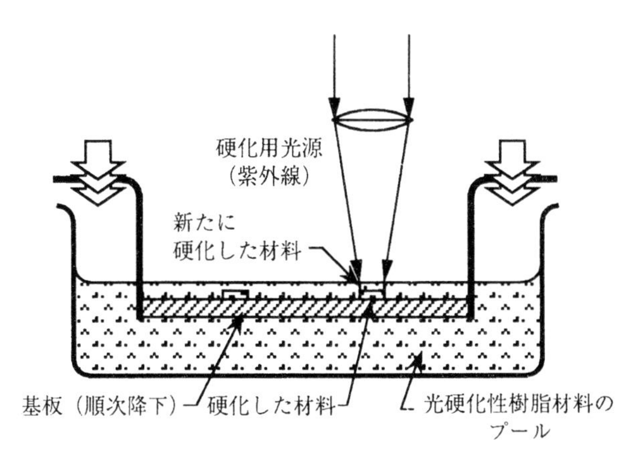

図 1.13　光硬化性樹脂材料の成形

1.6　各プロセスの関連

プラスチック製品の発展の背景には，成形加工プロセスの高い生産性があることはすでに述べた．すなわち，プラスチック成形加工では後加工をほとんど行わずに最終製品を得ることができるため，他の素材の製品に比べて工程を短縮でき，結果として高い生産性をもって成形品を得ることができる．しかしながら，このことは逆に成形加工プロセスそのものの長短が製品の生産性を決定することを意味しており，他の素材の製品の製造に比べてプラスチック成形加工の工程時間短縮に対する要求が強い要因となっている．このような背景のもと，プラスチック成形加工の「流す・形にする・固める」のプロセスも，できる限り成形加工工程を短縮するよう構成されているのが普通である．

熱可塑性プラスチック材料の“流す”プロセスは，材料を加熱し溶融するプロセスであるが，このプロセスが成形サイクル時間を律速することはほとんどない．これはこのプロセスにおける材料の加熱・溶融が材料の撹拌によって促進できることに加えて，材料の溶融に要する時間の短縮がむずかしい場合には，大型の溶融装置を用いて流動性のあるプラスチック材料を“作り貯め”しておくことができるためである．

一方，流動性の付与された材料を“形にする”プロセスに要する時間は，成形サイクル全体に大きな影響を与える．たとえば，大きなプラスチック製品を成形するためにはそれなりに長い時間を要する．これを短縮するために材料の流動速度を上昇させると，流動させるために材料に印加する力が過度に大きくなったり，材料内の摩擦発熱(粘性散逸)によって材料が加熱したりする問題が生じる．そこで現実のプラスチック成形加工では，このプロセスに続く固めるプロセスを，形にするプロセスに重ねて実行し，成形品の形状精度を維持するとともに，成形サイクル全体を短縮するような工夫がなされることが多い．

成形加工の前プロセスのうちで，生産性に最も影響を与えるのが固めるプロセスである．熱可塑性樹脂の固めるプロセスが冷やすプロセスであることはすでに述べたとおりであるが，形状の付与されたプラスチック材料をその材料を維持したまま冷却するためには，プラスチック内の“熱伝導”に基づいた熱移動を用いることになる．一般にプラスチック材料の温度伝導率は大きくなく，これを冷却するには長い時間が必要である．したがって先の形にするプロセスと同時進行で冷却を行うことになるが，これが成形品に不具合を生じせしめる要因になることも多い．これは成形されるプラスチック材料が粘弾性を呈する高分子材料であるためである．成形サイクルと不良現象との関連については本書第6章で詳述する．

成形材料が熱硬化性，反応硬化性などである場合には，成形サイクル時間は主に“固める”プロセスによって決まる．すなわち熱硬化性・反応硬化性プラスチック材料の硬化は材料の硬化反応の速さで決まるが，成形材料の硬化時間は形にするプロセス以前の取り扱いの問題から，あまり短くはできない．そこで現実の成形加工では固めるプロセスにおいて材料の温度を上昇させ，硬化反応速度を上昇させることが多い．さらに多くの熱硬化性・反応硬化性プラスチック材料は硬化反応に伴って発熱する(反応熱)．すなわち，固めるプロセスで材料が加熱され，いったん硬化反応が促進されると，その後は自身の反応熱でさらに材料の温度が上昇し，放置すると熱分解に至る．したがって，このような材料で良好な成形品を得るためには，いったん加熱した材料を，硬化反応が始まった以降は冷却し，反応速度を制御することが必要とされる．このような温度制御(反応速度制御)も固めるプロセスの重要な一要素である．この場合には，先の熱可塑性プラスチック材料の冷却と同様，材料内の熱移動が固めるプロセスを律速することになる．

1.7　成形加工プロセスの予測 ―CAE の実際と役割―

プラスチック成形加工が「流す・形にする・固める」という3プロセスから成り立っていることから，これらのプロセスにおいて材料に生じる現象を予測すれば，どのような形状・性質の成形品が得られるかを予測することができる．実際の成形加工では，良好な成形品を得るために成形条件をさまざまに変化させることがよく行われる．このときの技術者は，現状の成形条件によって得られた成形品の状況をみて，これをもとに成形条件を変化させたときの成形品に生じる現象の変化を予測している．このような予測を成形に先立って行えれば，得たい成形品の特質に合わせた成形条件の設定が短時間かつスムーズに行えるから望ましいといえるが，現実の成形加工では，成形される材料が粘弾性挙動を呈する高分子であることに加えて，その状態が成形プロセス中に時々刻々変化するため，人間が頭の中で成形材料に生じる現象を定量的に予測することはほとんど不可能である．

そこでコンピューターを利用して，このような予測を行わせようとする技術が発達してきている．これがいわゆるCAE(computer-aided engineering＝計算機支援工学)である．プラスチック成形加工におけるCAEでは，材料(熱可塑性プラスチック材料)を加熱するとどのように流動性が変化し，それに成形力を印加するとどのように変形するか，あるいは変形中・変形後にどのように冷却・固化していき，最終製品にはどのような特質(ひずみや応力など)が残るかを予測することが多い．この際，材料がどのように流動性をもち，どのように固化していくかを本書第2章，第4章に述べるような高分子工学的な観点から予測することは極めて希で，もっぱら見掛けの粘度や物質時間，硬化反応速度などを材料のおかれている状態(温度，加熱・冷却速度，変形速度，圧力など)に対して整理したデータベースをもとにこれらを評価している．したがって，CAEにおける成形プロセスの予測とは，プラスチック材料の性質を集積したデータベースに基づいた材料の流動・変形と固化，それに伴う収縮や充填材料の挙動の数値的予測といい換えてもよい．これらの数値的予測のもととなっている運動量，熱量，物質の移動現象の理論については本テキストシリーズ第II巻に，データベースを構築する際の基礎となる高分子材料の特質については第III巻に詳しく述べる．また，CAEの計算技術については第V巻に詳述する．

第2章　流動性の付与

“流す”プロセスでのプラスチック材料の流動化方法と流動特性

成形加工に使われるプラスチック材料の多くは，ペレットといわれる米粒のような形で供給される．そのペレットはヒーターなどによって加熱され，その温度が上昇するとともに流動性が発現する．このとき，どれだけの熱量が必要か，どのようにして流動性が発現するのか，どの程度の流動性が得られるかが“流す”プロセスの基本的事項である．

そこで本章では，まず熱の流れと熱量について簡単に概念をつかみ，それをもとに成形機内での流動化をマクロにとらえ，つづいてプラスチック材料の流動化と流動特性について述べる．

2.1　プラスチック材料内の熱移動の考え方

2.1.1　材料の温度と熱エネルギー

材料に熱エネルギーを加えるとその温度が上昇する．この温度上昇 ΔT は加えた熱エネルギー量 ΔQ と比例関係にあり，

$$\Delta Q = mc\Delta T \tag{2.1}$$

の関係が成り立つ．ここで m は材料の質量，c は“比熱(specific heat)”であり，材料の種類と温度によって異なる(材料の質量と比熱の積を“熱容量(heat capacity)”という)．質量の大きな材料(体積が大きいか密度が高い材料)の温度を上昇させるためには，質量の小さい場合に比べて多くの熱エネルギーが必要である．同様に同じ質量の材料であっても，比熱の大きな材料を温度上昇させるには，比熱の小さな材料よりも大きな熱エネルギーが必要である．**表 2.1** に代表的な材料の比熱と密度を示した．

一方，プラスチック成形加工における“流す”プロセスでは，材料の温度上

表 2.1　代表的な物質の比熱と密度

物　質　名	定圧比熱 c (J/(kgK))	密　度 ρ (kg/m³)
空気（20°C）	1006	1.205
水（20°C）	4181.6	998.2
パラフィン油	約 2200	約 800
炭素鋼（1%炭素）	473	7800
黄銅（75% Cu, 25% Sn）	343	8666
ポリエチレン（20°C）	2230	900
ポリスチレン（20°C）	1340	1060
ポリメタクリル酸メチル（20°C）	1470	1160
パイレックスガラス	780	2320

※　プラスチック材料の比熱・密度は参考値

昇のための熱エネルギー以外に，材料を溶かすための熱エネルギーが必要となることがある．単位質量の材料を溶融させるための熱エネルギーは“融解熱(heat fusion)”とよばれ，材料が溶融するときのみに出入りし，前述の材料の温度を上昇させるための熱エネルギーとは独立している．すなわち，材料の温度上昇と加える熱エネルギーとの関係は，材料の溶融を伴う場合には，

$$\Delta Q = mc\Delta T + m\Delta H \tag{2.2}$$

と表される．ここで ΔH は融解熱である．しかし，式(2.2)のように融解熱を用いず，便宜上，溶融温度近傍で材料の比熱を大きくして，式(2.1)の形で温度上昇と溶融のための熱エネルギー量を見積もることも多い．

2.1.2　温度差と熱エネルギーの移動

材料に熱エネルギーを加えると温度が上昇することは前節で述べたとおりである．しかし，材料に熱エネルギーを加えるためには，加熱源から材料へ熱エネルギーを移動させなければならない．熱エネルギーは温度の高い部分から低い部分へしか自然には移動せず，その移動量は材料内の温度差に支配されている．すなわち，材料内の熱エネルギーの移動には一般につぎのような関係が成立する．

$$\Delta Q = K(T_A - T_B)A\Delta t \tag{2.3}$$

ここで $(T_A - T_B)$ は材料内の A 点と B 点の温度差，A は熱エネルギーが通過する面積，Δt は経過時間であり，K は比例定数である．この式をみてわかるよ

うに，材料間に温度差がなければ熱エネルギーの移動は生じない．

材料内の熱移動はいくつかの形態に分類されるが，プラスチック成形加工において重要なのは熱伝導と対流伝熱の2つである．この2つの伝熱形態はいずれも材料内での熱エネルギーの“伝達”である点では共通しているが，前者は動かない材料内の熱エネルギーの“拡散”を指すのに対して，後者には材料が移動して熱エネルギーを“輸送”する効果を含んでいる．

熱伝導による熱移動は，

$$\Delta Q = k \frac{T_A - T_B}{\Delta x} A \Delta t \tag{2.4}$$

または，

$$\Delta Q = -k \frac{\partial T}{\partial x} A \Delta t \tag{2.4'}$$

と整理される．ここで Δx は温度差（$T_A - T_B$）のある部分A点とB点の間の距離であり，これを温度勾配（温度の傾き）として表したものが式(2.4′)中の $\partial T/\partial x$ に相当する．式(2.4′)の負号（マイナス）は，温度勾配が負の向きに（温度が高い方から低い方へ）熱エネルギーが移動することを明示的に表すためのものである．これらの式で k は比例定数であり，“熱伝導率(thermal conductivity)”とよばれる物性値である．

式(2.4)あるいは式(2.4′)をみてわかるように，熱伝導によって移動する熱エネルギー量は，材料間の温度差が大きくなるか，温度差のある部分間の距離が小さくなるか，熱伝導率が大きくなれば増加する．**表2.2**に代表的な物質の熱伝導率を示すが，プラスチック材料の熱伝導率は金属などに比べて格段に小さく，同じ温度差では熱移動量が小さい．

一方，対流伝熱における熱移動はつぎのような形に整理される．

$$\Delta Q = h(T_A - T_B) A \Delta t \tag{2.5}$$

表 2.2 材料の熱伝導率（$W/(m \cdot K)$）

鉄	70
ポリエチレン	0.44
空　　気	0.027

一般に，成形加工のように物質が移動することによる熱エネルギーの輸送を含む対流伝熱による熱移動では，一方の物質が流体，他方の物質が固体である場合が多く，その界面における熱移動を評価することになるから，

$$\Delta Q = h(T_w - T_f)A\Delta t \qquad (2.5')$$

とすることが普通である．ここで T_w は固体表面の温度，T_f は流体の温度である．式(2.5)，式(2.5′)の比例定数 h は“熱伝達率(heat transfer coefficient)”とよばれる．熱伝達率は，物性値であった熱伝導率とは異なり，流体の物質，流れ方，流速などによって影響される．したがって，熱伝達率は移動する物質の流動状況を正確に把握しないと評価できないから，多くの場合は実験式から相当する条件の熱伝達率を推定したり，コンピューター上で伝熱シミュレーションを行ってその値を評価することが必要である．

いずれの形態の伝熱機構によって熱エネルギーが移動するにせよ，式(2.3)に示されるとおり，その移動量を大きくするには，(a)材料間の温度差($T_A - T_B$)，(b)熱通過面積(伝熱面積)A，(c)比例定数 K(熱伝導，対流伝熱双方の場合をまとめて“熱通過率”とよぶ)のいずれかを大きくすることが必要である．たとえば，プラスチック成形加工において，材料の溶融を速くするためにヒーターの温度を上昇させるのは，(a)の温度差を増加させることに相当するし，加熱筒内のプラスチック材料の溶融を促進するためにこれをスクリューで攪拌(かくはん)するのは，(c)の熱通過率を増加させることにほかならない．

2.1.3　熱エネルギーの移動とそれによる材料の温度変化

材料内に温度差があると，それにつれて熱エネルギーが移動する．熱エネルギーが移動すると材料の温度が変化することは2.1.1節で述べたとおりである．したがって，材料内の温度分布は熱エネルギーの移動とともに時々刻々変化することになる．

いま，初期温度 T_{A0} の材料Aと初期温度 T_{B0} の材料Bが急に接触したことを考えよう．両材料は温度が異なるから，接触とともに両者の間に熱エネルギーの移動が生じる．この熱移動が式(2.3)の形で表されるとすると，

$$\Delta Q(t) = K(T_A(t) - T_B(t))A\Delta t \qquad (2.3')$$

この熱移動はそれぞれの材料の温度を変化させるから，その様子を式(2.1)の形で表せば，

$$\Delta Q(t) = -V_A \rho_A c_A \Delta T_A(t) \tag{2.1'}$$

ここで式(2.1′)の負号は，材料Bの温度が上昇すると材料Aの温度が低下することを表している．式(2.3′)，(2.1′)の移動熱量$\Delta Q(t)$は材料Aでも材料Bでも同一であるから，結局，

$$K(T_A(t) - T_B(t)) A\Delta t = -V_A \rho_A c_A \Delta T_A(t) \tag{2.6}$$

あるいはこれらを整理して，

$$\frac{\Delta T_A}{\Delta t} = -\frac{KA}{V_A \rho_A c_A}(T_A(t) - T_B(t))$$

材料内の熱移動が熱伝導によって支配されているとき(すなわち材料が移動しない場合)には熱通過率Kは熱伝導率kと2材料間の距離Δxの比であるから，

$$\frac{\Delta T_A}{\Delta t} = -\frac{kA}{\Delta x V_A \rho_A c_A}(T_A(t) - T_B(t)) = -\frac{A}{\Delta x V_A}\alpha_A(T_A(t) - T_B(t))$$

と表される．ここでαは“温度伝導率(thermal diffusivity)”とよばれる物性値であり，$\alpha = k/\rho c$である．上式の右辺の$A/\Delta xV$は，材料間の接触状況や材料の大きさなどで決まる値であるから，これが一定であれば2材料間の熱移動による温度の時間変化$\Delta T/\Delta t$はそれぞれの材料の温度伝導率α_A，α_Bによって決まるといえる．プラスチック材料の温度伝導率は他の材料のそれに比べて極端に小さく，温度差が同一でも温度変化が遅い．

加熱筒内で溶融されるプラスチック材料も加熱筒壁の金属も連続体であり，その内部の熱移動は上記の2材料間のもののように単純ではない．しかし連続体内の熱移動も，材料の体積を十分小さくし，その周囲に接するすべての材料との熱移動を考慮することで表現できる．このような場合の熱移動でも，連続体内の温度の時間変化は物質の温度伝導率に支配されており，プラスチック材料のように温度伝導率の低い物質内では，一度温度差が生じるとそれが拡散するのに長い時間がかかることは前述の2体接触の場合と同様である．連続体内の熱移動の取り扱いについての詳細は本エキストシリーズ第II巻において詳述するので参照されたい．

2.2 成形加工工程での流動化

成形加工ではペレットに流動能力を与えるため，最初に押出機(extruder)を

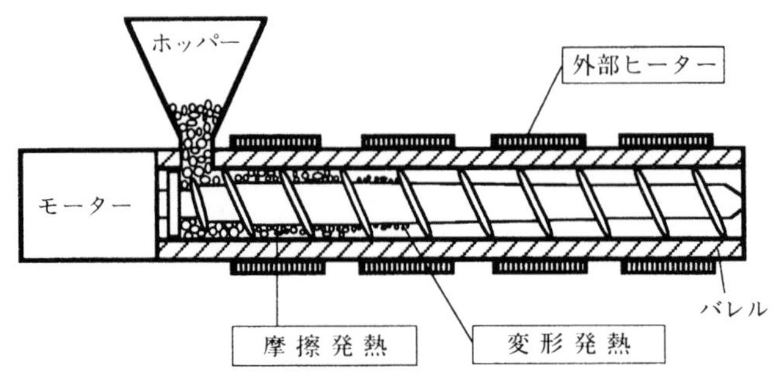

図 2.1　押出機での熱エネルギーの供給

使用する．押出機は**図 2.1** に示すようにシリンダー(バレル)とスクリューからなる．

押出機中では，ペレットが最初固体状態で輸送され，その間に押出機の外部から熱がバレルを通して供給され，ペレットの表面の温度が上昇する．これはペレット外部からの熱供給である．また，ペレットとペレットの摩擦，あるいはペレットとスクリューとの摩擦によっても発熱する．一方，ペレット自身の変形による内部摩擦によってもペレットの温度が上昇する．これらは内部発熱として分類される．

2.2.1　外部からの熱の供給

外部からの熱供給では，電気エネルギーによって発熱した熱量は，金属(シリンダー)およびプラスチック材料との境界の伝熱によってペレットに伝わり，ペレットの温度が上昇する．このとき，金属の熱伝導率は表 2.2 に示すように，プラスチック材料のそれに比較して非常に大きい．したがって，成形加工における熱移動ではプラスチック材料自身内部での熱移動が特に重要となる．成形加工でのプラスチック材料内の熱移動は，前節で述べたように熱伝導と対流伝熱が支配的ではあるが，ふく射伝熱を考慮に入れる必要がある場合もある．

具体的にバレルとスクリュー溝との間のペレットの集合体(ペレットの固まり)を考えてみよう．適当なスクリューの溝の大きさを考えると，**図 2.2** のようにまずバレルに接する面のみが温度上昇し，ペレットの固まりの中心にまで熱が伝わるにはかなりの時間が必要である．そこで，バレルに近い部分のプラスチック材料が最初に高温になって，まず流動化する．その後に，その流動部はバレ

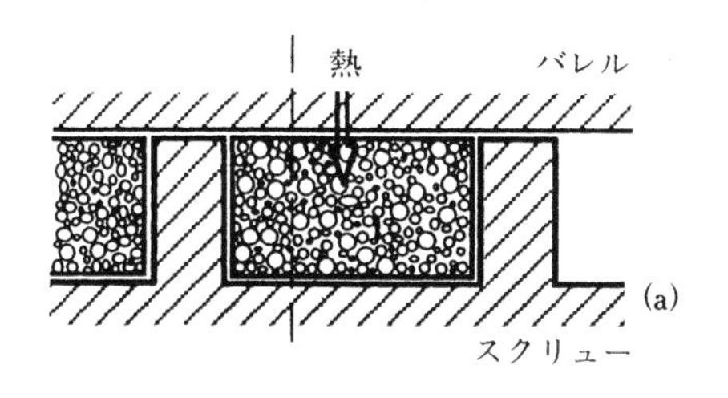

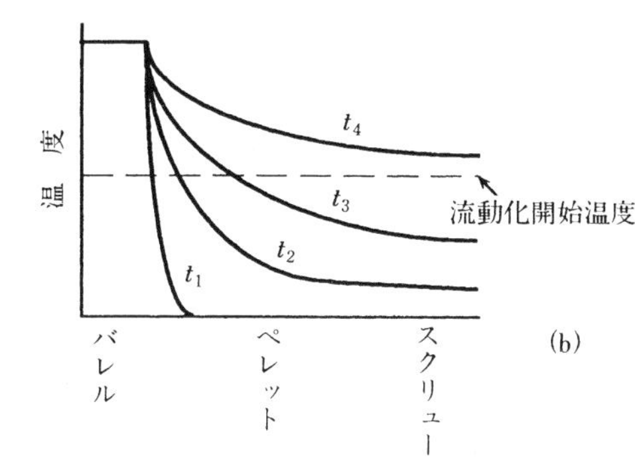

図 2.2　スクリュー内での熱移動，図(b)で t_1, t_2, t_3, t_4 は経過時間である($t_1 < t_2 < t_3 < t_4$)

ルとスクリューにそって流動を開始するが，流動状態となったプラスチック材料は固体状プラスチック材料よりもさらに熱伝導が悪い．これによって，さらにペレットの固まりが溶融するのに時間がかかることとなる．したがって，ペレットの固まりがスクリュー溝の中で**図 2.3** のような形をとりながら徐々に全体が流動化する．この工程を可塑化過程(plasticating process)とよんでいる．

ところで，固体の状態のペレットの集合体では，しばしば金属とプラスチック材料との間に空気(空気層)がある(**図 2.4**)．この場合，空気の熱伝導率はプラスチックの熱伝導率よりも格段に低く，バレルからペレットへの熱移動を阻害する支配的要因となる．しかし，この空気層による熱抵抗の定量的予測は困難である．成形加工の CAE などでは，この空気層の熱抵抗の大きさをひとつのチューニングパラメータとして使用している．

流動化した後は，界面は液体と固体との直接接触となり空気層はなくなる．

さて，流動化をもう少しミクロな立場から考えてみよう．ペレットの固まり

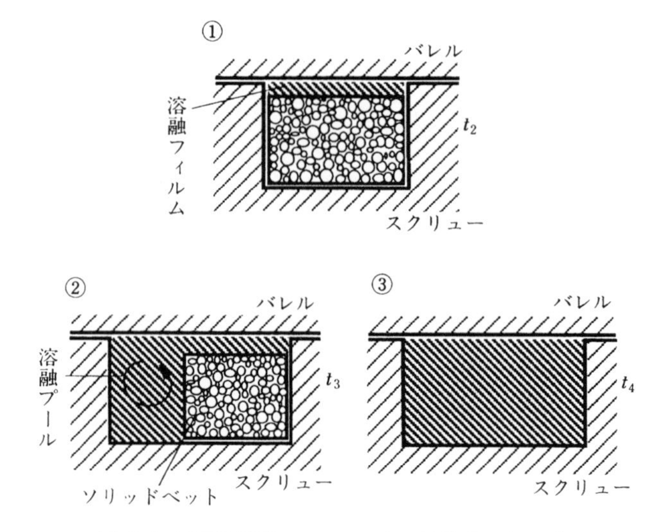

図 2.3　可塑化過程でのペレットの流動化メカニズム

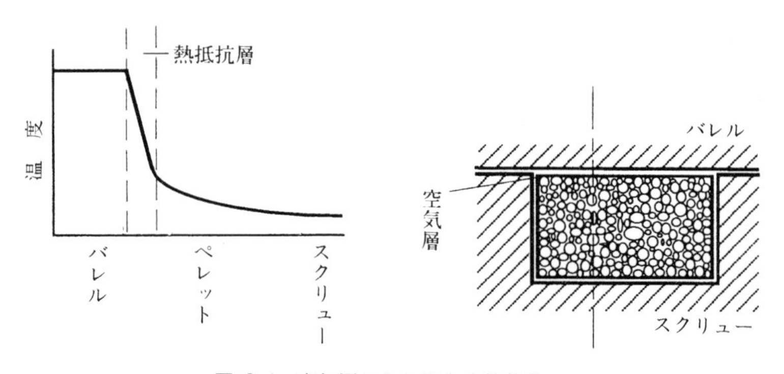

図 2.4　空気層がある場合の熱移動

のバレル側の表面にあるペレット1個をとっても，その内部には温度勾配が存在する．ペレットの表面が流動化温度に達しても，ペレットの中心部分が流動化温度に達するのに時間が必要である．したがってペレット全体が流動化するにはかなりの時間が必要となる．

たとえば，直径が5 mmのPE(ポリエチレン，polyethylene)のペレットを，周囲の温度を250 °Cにして溶融させようとすると，中心の温度が141 °C(PEの流動化温度)以上になるには10秒程度かかる．実際のペレットの場合にはこの条件を満足させるのさえ困難である．ペレットの片方の表面はバレルに接触していても，ペレットの他の表面には低温の他のペレットが接触している．ペレットのスクリュー側の表面はさらに低い温度の他のペレットに接触している．したがって，実際は上記の何倍かの時間が溶融するのに必要となる．

2.2.2 内部発熱

熱エネルギーはバレルの外にあるヒーターから供給されるもののほかに，プラスチック材料とバレル(あるいはスクリュー)との摩擦あるいはプラスチック材料同士の摩擦による発熱と，プラスチック材料自身の変形による発熱，反応や相変化による発熱(吸熱)とがある(**図2.5**)．

前者による発熱は，押出機のホッパー(図2.1参照)に近い部分では，大きな発熱量となる．しかも，このときの発熱はペレットの固まりのバレル側だけで起こるのではなく，スクリュー溝のすべての接触部分で発生する．したがって，ペレットの直方体状の固まりのすべての面から流動化する可能性がある．いったん表面が流動化すると，スクリューの回転運動のエネルギーが熱エネルギーに変換する部分は摩擦による発熱ではなく，流動化した部分の変形による発熱になる．

一方，プラスチック材料自身の発熱は材料の内部で発生するので，ペレット全体の温度上昇となり，流動化には有利である．押出機のホッパーに近い部分ではこの影響が大きいが，ペレットの表面あるいはペレットの固まりの表面が流動化した状態では，変形の大部分が流動化部分に集中し，固体部分の発熱にはあまり寄与しなくなる．この場合には，全体の流動化時間は流動化部分の発

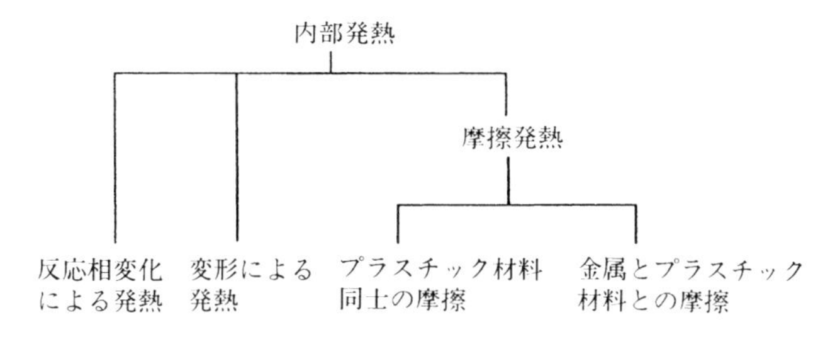

図 2.5 内部発熱の分類

熱量と熱伝導率によって支配されることとなる．

結晶性プラスチック材料には，流動化の際の熱の吸収(融解熱)が大きいものがある．この場合には，流動化により多くの熱エネルギーが必要となるが，成形加工工程では外部からの供給熱量が大きいため，この融解熱が問題となった例は少ない．

2.3　プラスチック材料

前節のようにして，十分な熱量がプラスチック材料に与えられたとき，そのプラスチック材料がどのようなメカニズムで流動性を発現するか，流動性がどのようにプラスチック材料の高分子鎖構造の特徴と関係するかを知ることは，流動性の付与の観点から最も重要となる．以下に，プラスチック材料をまずとりあげ，プラスチック材料とはどんなものなのかを，流動性の付与の観点からまとめる．

プラスチック材料を構成する高分子鎖(polymer chain)は非常に長い．したがって高分子鎖内に不規則構造が発生しやすく，全体が動くのにかなりの時間を必要とする．これが原因となって高分子鎖構造が不規則であるアタクチックPS(ポリスチレン，polystyrene)などは，どんな条件にしても結晶(crystal)とはならず非晶(amorphous)となる．また，たとえ高分子鎖が規則的にできていても動きが遅いので結晶になるのは容易ではなく，ランダムな液体構造を凍結した固体，すなわち非晶性プラスチック(noncrystalline plastics)となる場合が多い．たとえばPC(ポリカーボネート，polycarbonate)などがその代表例であり，成形加工で扱う範囲では非晶性プラスチック材料として扱える．PET(ポリエチレンテレフタレート，poly(ethylene terephthalate))やPA(ポリアミド，ナイロン，polyamides, nylon)などは溶融状態で高分子鎖が比較的動きやすく，プラスチック製品が結晶性であるか非晶性であるかは，成形加工条件に強く依存する．PEやPP(ポリプロピレン，polypropylene)などは規則性がよいことと，動きやすいこととで，結晶化しやすい．通常の成形加工では結晶性プラスチック(crystalline plastics)が得られる．ただし，この場合でも，金属とは異なっており，完全結晶にはなり得ず，一部が結晶状態で一部が非晶状態となっている．これは，高分子鎖があまりにも長いことに原因がある．これらをまとめたものが

表 2.3 プラスチック製品の結晶性

PS, PC	非晶性
PE, PP	結晶性（結晶性は成形条件に依存しない）
PET, PA	結晶性（結晶性は成形条件に依存する）

表 2.3 である．

プラスチック製品は 2 種以上の材料の複合化でできていることが多い．複合系はブレンド(blend)，アロイ(alloy)，コンポジット(composite)などに分類されている．これらは分子の大きさのレベルで混ざっているものと，分子の大きさよりはかなり大きいサイズで混合しているものとがある．これらは流動化の点で考えると，上記単一プラスチック材料の場合とは大きく異なる．

2.3.1 非晶性プラスチック材料

透明なプラスチック材料としては，PS，PC，PMMA(ポリメタクリル酸メチル，poly(methyl methacrylate))などがあり，これらは非晶性プラスチックとよばれている．

材料の内部構造の大きさが，可視光の波長(0.4 μm から 0.8 μm)の範囲を小さい方にも大きい方にも外れていれば，その材料は透明となる(**図 2.6**)．内部構造による密度(あるいは屈折率)の不均一性が波長に近いと，光は透過せずに散乱する．一方，不透明性を呈する原因にはこのほかに光エネルギーの吸収によ

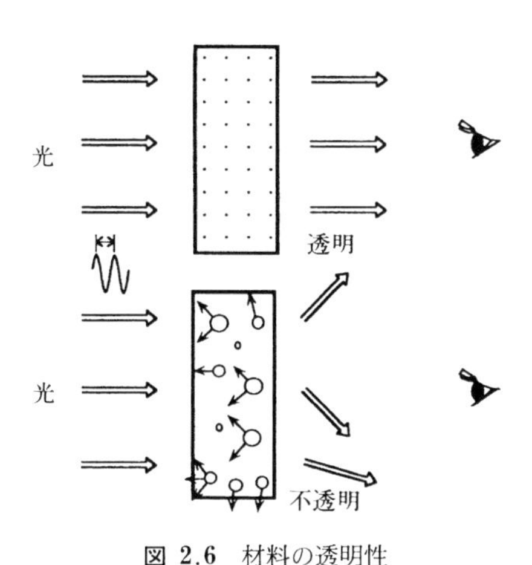

図 2.6 材料の透明性

るものもあるが，成形加工では分解などを除いて，これを制御している例はない．

多くの透明プラスチック材料は内部構造が非常に小さく，可視光の波長よりも小さい方に大きくはずれている．この場合のプラスチック材料は結晶性ではなく，非晶性であることが多い．

非晶性プラスチック材料では，高分子の鎖はランダムな配置をしており，そのランダム性の特徴は窓などに使用されている無機ガラスと同じである．無機ガラスも高分子鎖からできており，高分子鎖が網目状にランダムに配置してい

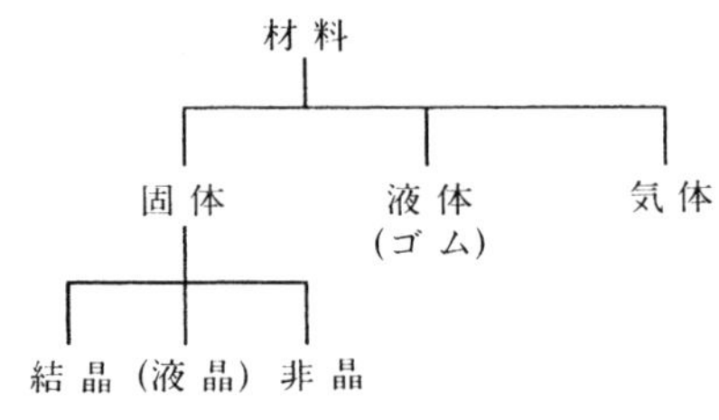

図 2.7　材料の取り得る状態

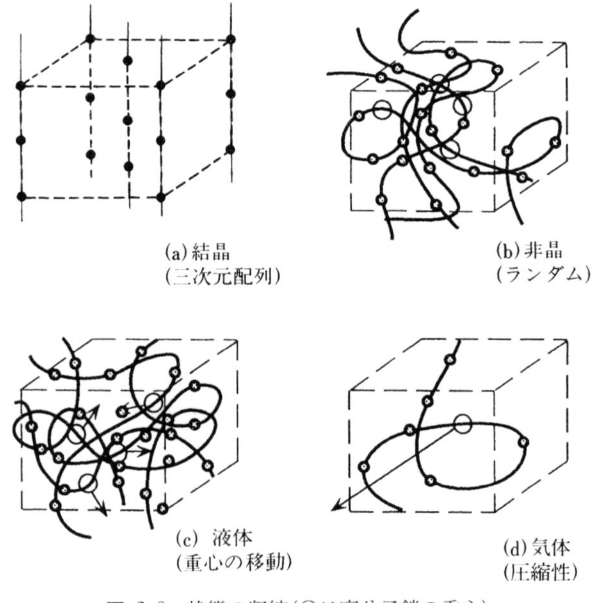

図 2.8　状態の収縮(○は高分子鎖の重心)

る．このことから，非晶性状態のことをガラス状態(glassy state)ともいう．

材料の状態には非晶状態のほかに結晶状態(crystalline state)があり，これらはいずれも流動性をもたない状態，すなわち固体(solid)である(**図 2.7**)．製品として使用されているプラスチックのほとんどは固体である．

流動性をもつものには液体(liquid)と気体(gas)がある．液体も気体も高分子鎖が物質のなかでランダムな形をしており，その意味では非晶状態と同じである．異なるところは，液体と気体では分子の重心が時間とともに動くのに対して，非晶状態では分子の重心の動きはない(**図 2.8**)．液体と気体の違いを簡単にいえば，液体は気体に比較して分子が密に詰まっており，10^4 倍も密度が大きく，したがって液体は変形や圧力によって体積はほとんど変化しないが，気体では圧力変化に対して大きな体積変化がある．

プラスチック成形加工での流動は主に液体状態を利用しており，気体状態を利用することはこれまでのところなされていない．プラスチック材料の気体の例は我々の身の回りにはあまりなく，実現された例も少ない．プラスチック材料の液体を高速で射出すると，プラスチック材料の気体が得られるとの報告例がある程度である．ただし，プラスチック材料を他の物質中に少量溶かした希薄溶液は，溶媒中でのプラスチツク材料の分子の重心の移動など，気体の条件をほぼ満足している．

流動性のある液体状態のプラスチック材料のことを，一般には，“液体”，“メルト”，“融体”，“溶融体”などとよんでいる．“液体”以外の用語は，正確には結晶性プラスチック材料の液体状態のみを指すが，ここでは非晶性プラスチック材料に対しても，これらの用語を使用する．“溶液(solution)”はプラスチック材料を他の低分子液体で溶かした状態に対して使用している．

2.3.2 結晶性プラスチック材料

PS などのペレットは透明で非晶性であるが，PE や PP などのペレットは不透明であり，結晶性プラスチック材料である．結晶性プラスチック材料では，高分子鎖のある部分は結晶格子のなかに入って結晶を形成しており，別の部分は非晶となっている(**図 2.9**)．

結晶では，非晶での高分子鎖のランダムな配置とは異なり，三次元的な規則性のある高分子鎖の配置をとっている．プラスチック材料の結晶の例は，図 2.8

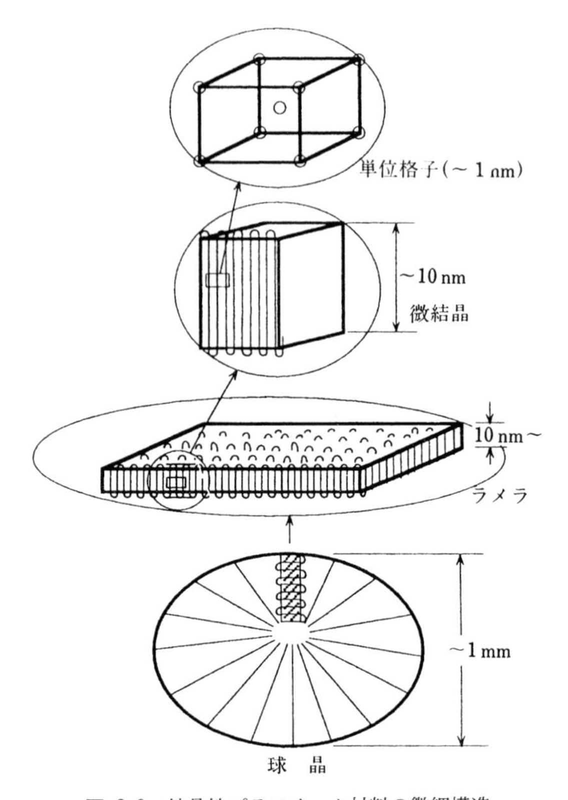

図 2.9　結晶性プラスチック材料の微細構造

のように，分子鎖と平行方向にも分子鎖に垂直方向にも一定周期ごとに配列している．この最も小さな構造単位を単位格子(unit cell)という(図2.9)．単位格子が100から1000個集まって微結晶(crystallite)になり，微結晶が数百以上集まって薄層状のラメラ(lamellae)を形成している．さらに，このラメラが数多く集まって球晶(spherullite)を形成する．

ラメラは図2.9に示すように，長い高分子鎖を折りたたんだものからできている．では，高分子鎖が折りたたまれてラメラに入っているとどうしてわかったのか．

実際に電子顕微鏡などで直接折りたたまれているのをみたわけではない．電子顕微鏡でみたものはラメラとよばれている瓦のような単結晶(single crystal)であった．長さが数百nm(ナノメータ)で厚さが10 nm程度ある．このラメラで分子鎖が厚さ方向に向いていることが電子線回折でわかった．ところが，分子量が 18 万の PE の分子鎖長は 1 μm(1000 分の 1 mm)にも達する．

こんな長い分子鎖がどのようにして，狭いところに入っているのか．それに対する答えが，折りたたみであった．10 nm の長さで数十回程度折りたたまれていることになる．

ラメラは表面と側面とで界面の分子の並び方が異なる．表面は折り返しの部分でできており，側面では分子鎖が平行に並んでいる．したがって，側面の方が安定であり，その安定性の指数である表面エネルギー(surface energy)が側面の方が小さい(表面エネルギーが小さい方が安定)．

ところで，結晶性プラスチック材料は結晶のみからできているのではなくて，結晶部分と非晶部分の混在物からできている(**図 2.10**)．この混在が結晶性プラスチック材料の重要な特徴であり，金属やセラミックと大きく異なる点である．結晶性プラスチック材料では結晶の割合がどの程度であるかが重要で，我々は常にそれに注意する必要がある．そこで，図に示しているような体積加成性から算出した結晶化度(crystallinity)を用いて結晶部分の量の程度を表す．

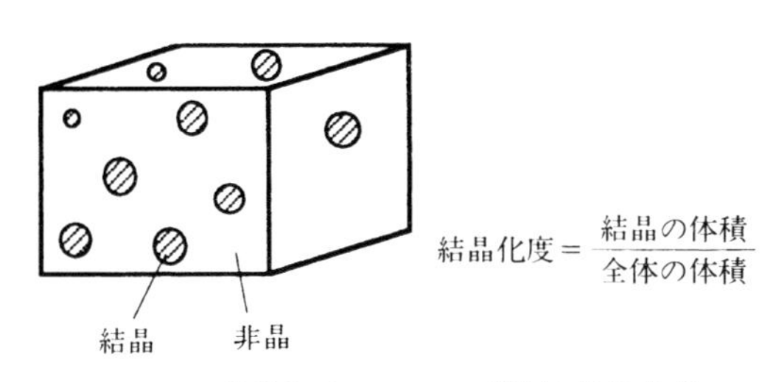

図 2.10 結晶性プラスチック材料と結晶化度

同じ PE でも，結晶化度が低いとプラスチック製の食品容器のふたのように柔らかくて，結晶化度が高いと食品容器のうつわの方のように硬い材料となる．もちろん，この 2 つでは流動化に必要なエネルギーも異なる．

結晶化度の測定は，密度測定が最もオーソドックスで確度が高い．それには異なる密度の液体の混合によって作製した密度勾配管が有用である．このほかにも X 線回折強度曲線から求める方法，熱分析から求める方法などが使用されている．詳細は本テキストシリーズ第III巻を参照されたい．

2.3.3　複合化プラスチック材料

2種の材料を混ぜて新しい材料を創出することを総じて複合化といい，それは単一の材料では達成しにくい特性を得ることを目的としている．

フィルムの成形性などの向上のために，PP に LDPE(低密度 PE, low density polyethylene) などを混ぜることがあるが，このように2つ以上の材料を混ぜてできる材料をブレンドとよんでいる．混ぜ方にもいろいろあり，たとえば，物理的ブレンド，ポリマーコンプレックス，化学的ブレンドなどがある．さらに，これらが発達した IPN(相互貫通高分子網目)などがある．

高性能エンジニアリングプラスチック材料の多くは，第三成分を少量混入させることによって分子オーダーで混ぜ合わせてつくるが，これらをポリマーアロイとよぶ．また，PA と PP との混合のように，2種の原料を成形加工機のなかで化学反応を伴わせながら混ぜてできる材料があるが，これらもポリマーアロイとよばれている．

ブレンドとアロイの定義は必ずしも統一されてはいないが，本テキストでは Utracki の考え方に従って上記のように定義した．この定義では，ブレンドは**図 2.11** に示すようにアロイより広い概念である．なお，高分子学会編のテキストなどでは，アロイをもっと広い意味で共重合体とブレンドの総称として定義している．

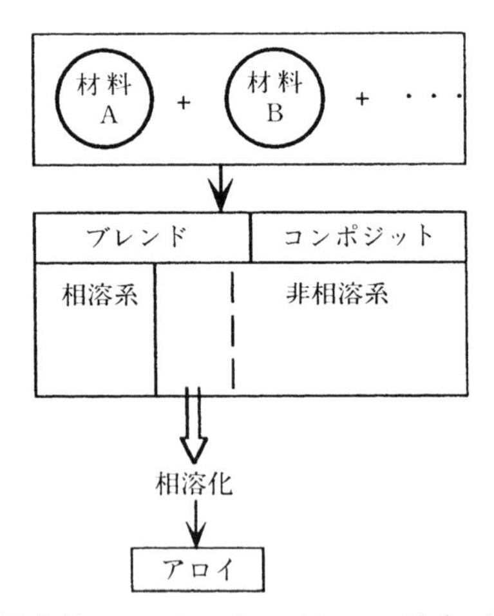

図 2.11　アロイ・ブレンド・コンポジット

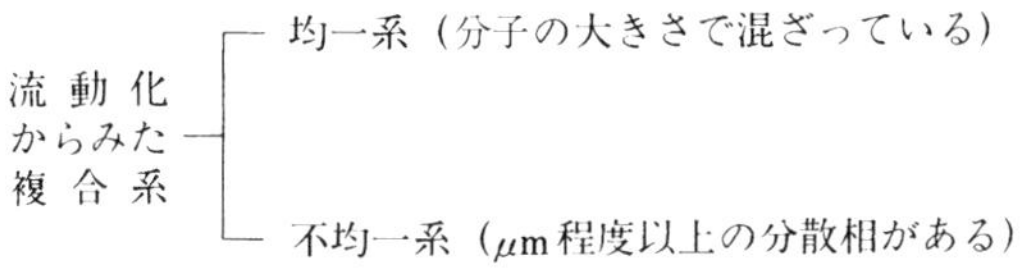

流動化からみた複合系
- 均一系（分子の大きさで混ざっている）
- 不均一系（μm 程度以上の分散相がある）

図 2.12　複合系の流動化

アロイ，ブレンドとも 2 種以上のプラスチック材料を混ぜたものだが，無機材料とプラスチック材料を混ぜたものはコンポジット(複合材料)とよばれる．混ぜ込む無機材料は，充填剤または強度向上を目指したものでは強化材といわれ，粒子状から繊維状までさまざまな形態を有する．いい換えれば，複合材料は，すでに成形の終った充填剤(粒子，繊維)とポリマーとの複合系ということになる．

流動化の立場で考えると，これらブレンド，アロイ，複合材料などはいずれも混ざっているサイズで統一的にみることが可能であろう(図 2.12)．たとえば nm (分子の大きさ)程度に混ざっていれば，“流す”の観点では流動化に関与する因子は 1 つであり，単一プラスチック材料と同じように 1 つの条件(たとえば 1 つの温度)で流動化する．混ざっている状態での分散相が μm 程度あるいはそれ以上になると流動化に関与する因子は増えてきて，複合系のいずれかの相の流動化条件に焦点をあてて“流す”を考える必要がある．

いずれにしても，2 つ以上からなる複合化された材料の挙動は，単一の材料より複雑になることは容易に想像できる．また 2 つの材料の間，いわゆる界面と材料の分散構造が特性に大きく影響してくることにも注意を払わなければならない．これらの詳細は本テキストシリーズ第IV巻を参照されたい．

2.4　プラスチック材料の流動化

2.4.1　非晶性プラスチック材料の流動化

PS や PC のような非晶性プラスチック材料は，室温では固体であることが多い．その状態をガラス状態といい，窓ガラスなどと同じ状態であることはすでに述べた．この材料の温度を上昇させると，ある温度のところから材料が柔らかくなる．

我々はガムでこれをひんぱんに経験している．室温では，ガムはガラス状態の固体であり手で簡単に割れるが，口の中に入れると体温まで温度が上昇して，ゴム状態になり柔らかくなって流動可能となる．

このガラス状態からゴム状態へ変化する温度をガラス転移点(glass transition point)とよんでおり，T_gで表す．

厳密なガラス転移点の定義は，ガラス状態からゴム状態へ転移する温度ではなく，その名称のとおりゴム状態からガラス状態への転移についてなされている．いい換えると，冷却測定で検出される転移でガラス転移を定義する．その理由は，ガラス状態はそれをつくる条件によって変化するものであり，昇温によって測定されるガラス転移点は昇温以前のガラス状態によって変化する．すなわち，昇温で求めたガラス転移点は，そのガラス状態をつくった条件によって変る．通常，我々はどのような条件でガラス化したかを知らないので，どのような状態についてのガラス転移点を調べているのかがわからない．

ガラス状態は，作製条件によって密度などが異なる．一例を**図2.13**に示す．冷却速度が速い場合には，比容積が大きい状態(密度が小さい状態)で凍結される．これに対して，ゆっくり冷やすと，分子鎖のパッキングがよくなり，小さい比容積すなわち高密度のガラス状プラスチック材料ができる．

図2.13でわかるようにガラス転移点は冷却速度に依存する．速い冷却の方が高いガラス転移点になる．多くのプラスチック材料のガラス転移点は，冷却速度を一桁大きくすると3°Cだけ高温にシフトするという冷却速度依存性をもつ．

ガラス状態からゴム状態への転移は高密度(低比容積)のものが比較的低温で

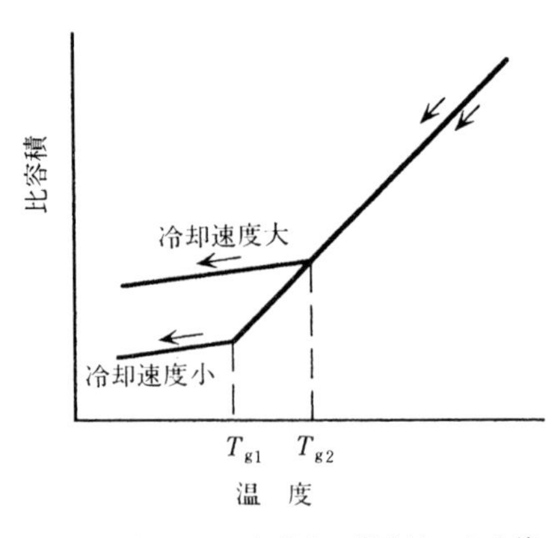

図 2.13　ガラス転移点の測定法による差

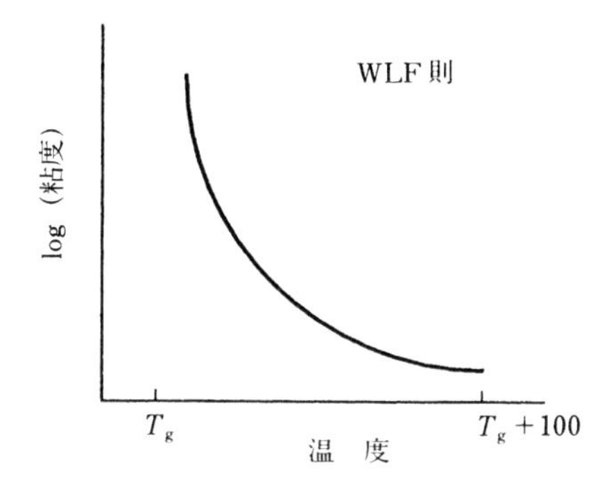

図 2.14　非晶性プラスチックの T_g 付近での粘度変化

始まり，低密度のものは高温になってから開始する．

ガラス転移点を越えて，高温になるとゴム状態になり，非晶性プラスチック材料はこの状態で流動が可能となる．ガラス転移点以上での粘度の温度依存性は**図 2.14** のようになる．これはガラス転移点から，ガラス転移点＋100 ℃までの温度範囲をとると，すべての非晶性の材料に適用でき，WLF（Williams-Landel-Ferry）則として知られている．ただし，このときの粘度は微小変形での測定結果である．

図 2.14 から，ガラス転移点の近くでは，粘度の温度変化が大きく，温度が上昇するに従って，粘度の温度による変化が小さくなっている．

ガラス転移点前後の温度範囲での物性値は，温度-時間換算則（time-temperature superposition）が成立する．いま，高温で，ある周波数で弾性率を測定すると，その物性値は低温でかつ低周波数で測定した弾性率と同じになる．すな

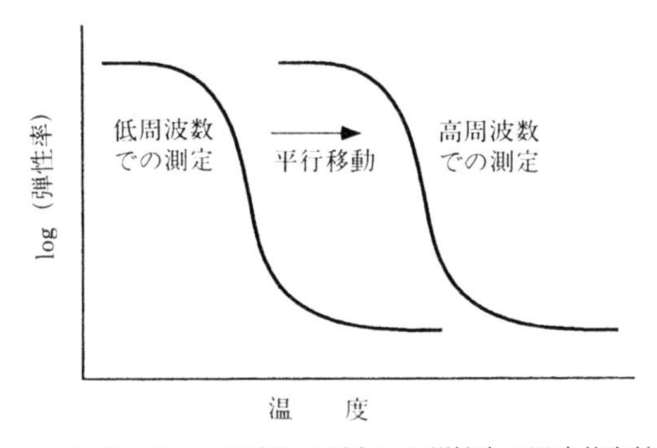

図 2.15　異なる周波数で測定した弾性率の温度依存性

わち，温度スケールと周波数スケール（時間スケール）を互いに置き換えられる（**図 2.15**）．この温度と時間との置き換えが，緩和現象（relaxation phenomena）の特徴である．

これは，成形加工プロセスなどを考えるには便利である．実際の成形加工では高温で高速変形なので，我々が簡単に計測できないような場合が多い．このような高温での高速変形条件を，低温でのゆっくりした変形速度で簡単に測定して，その結果を高温へ外挿して実際の成形条件に対応させて考えることができる．

いま，応力緩和によって緩和弾性率を測定すると，低温では大きな値が，また高温では小さな値が得られ，**図 2.16** のようになる．この曲線群をよくみると，横軸にそって各曲線をシフトすることにより，重なりながら1本の曲線を描けることがわかる．できれば，読者はこれを実際に試してみていただきたい．

図 2.17 のようなマスターカーブを得ることができただろうか．このことは，1つの温度では応力緩和の全体像を得るのに 0.001 秒から 100 万秒もの時間が必要なのに対して，温度を変化させて測定すると現実的な時間の範囲で測定できることを意味している．このときのシフト量（a_T：shift factor）を温度に対してプロットすると，図 2.14 と同じ形の曲線が得られる．

このWLF則は T_g から T_g+100 °C までの温度範囲で成立する．これ以上の

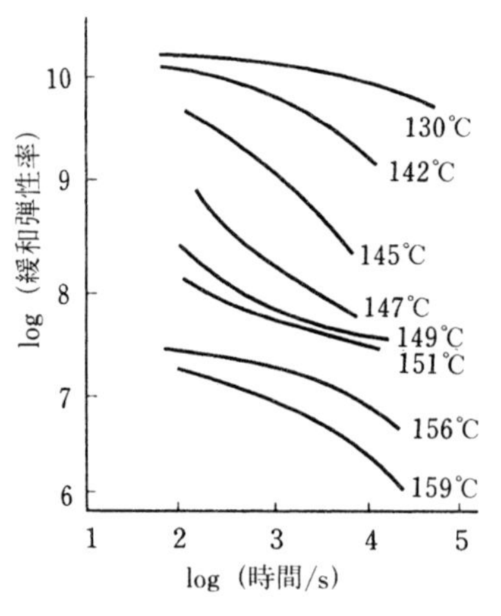

図 2.16　異なる温度での応力緩和による緩和弾性率の時間変化

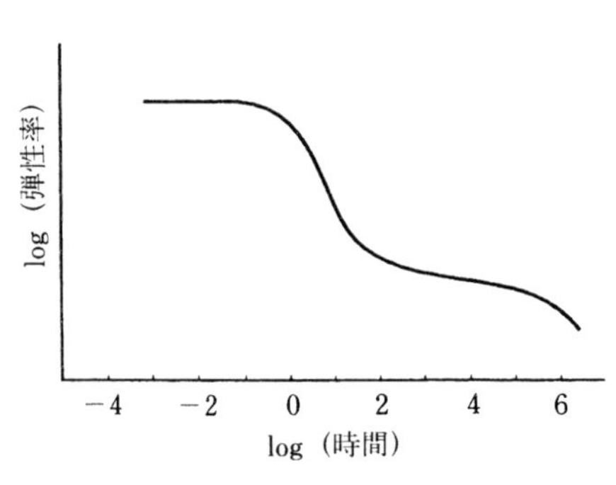

図 2.17　応力緩和のマスターカーブ（図 2.16 のデータから）

温度になると，粘度あるいは弾性率の温度依存性はWLF則から少しずつ外れて，Arrheniusの式に従う．Arrhenius式では粘度の対数は絶対温度の逆数に比例する．

ガラス転移点の測定には，ここに挙げた比容積測定のほかに，示差走査熱量計(DSC)などの熱分析による方法もよく用いられている．

2.4.2　結晶性プラスチック材料の流動化

PPのような結晶性プラスチック材料では，上述のガラス転移点(T_g)も存在するが，ガラス転移点で流動化することは珍しく，ガラス転移点よりもさらに高温の融点(melting point)で溶融(melting)し，流動化する．

ただし，溶融という現象は結晶の部分に対して定義される．したがって非晶性プラスチック材料には融点が存在しない．

溶融は，三次元配列を有する結晶よりも，ランダム構造の溶融体のほうがより安定になったときに発生するプロセスである．要するに，溶融過程では，エネルギー的に結晶構造をとっているプラスチック材料はランダムな溶融状態をとりたがるのである．

結晶や溶融体などの状態の安定性を表すパラメータが自由エネルギー(free energy)とよばれる熱力学量である．自由エネルギーは低いほど安定である(不自由なほうが安定)．

プラスチック材料の結晶状態とランダム状態(非晶と液体の状態)の自由エネルギーの温度依存性を模式的に書くと**図2.18**のようになる．温度の低いほうをみると，結晶状態の自由エネルギーのほうがランダム状態のそれよりも小さい．

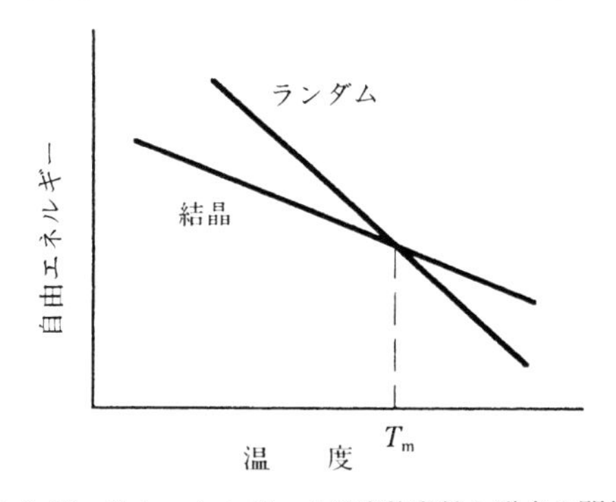

図 2.18　自由エネルギーの温度依存性と融点の関係

この場合にはプラスチック材料は結晶の方が安定である．一方，高温ではランダムなほうが結晶の自由エネルギーよりも小さくなっており，この状態ではランダム状態のほうが安定となる．

溶融過程で重要となるのは，結晶状態の自由エネルギーとランダム状態の自由エネルギーとの差である．この差が0になったところ(融点)で溶融することとなる．図の直線の交点はまさに，この自由エネルギーの差が0となっている温度である．

自由エネルギーの差は，溶融過程での吸熱量(DSC測定での溶融ピークの面積)に関係するエンタルピー(enthalpy)差と高分子鎖の配列などに関係するエントロピー差，および温度によって決まる量である．

溶融状態のエンタルピーに比較して，結晶状態のエンタルピーが大きければ大きいほど結晶は安定で融点も高い．PETやPAがPEやPPよりも融点が高いのはこのエンタルピー差が大きいことによる．PETは分子鎖内にベンゼン環を導入することによってエンタルピー差を大きくしているし，PAでは分子鎖間に水素結合を導入することによってエンタルピー差を大きくしている．エンタルピー差が大きいと融点が高くなる．また，このエンタルピー変化に対する圧力と応力の影響は小さい．

一方，溶融状態と結晶状態のエントロピー差は分子鎖が剛直になるにつれて小さくなる．このエントロピー変化は圧力や応力によって大きく異なるので，プラスチック成形加工では重要となる．

エンタルピーとエントロピーの変化と融点(melting point)の関係をまとめる

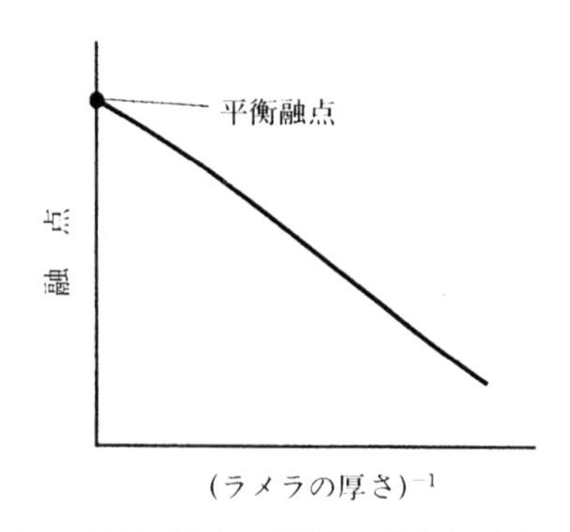

図 2.19　プラスチック材料の融点と微結晶の大きさ（ラメラの厚さ）の関係

とつぎのようになる.

$$融点=\frac{(溶融によるエンタルピー変化)}{(溶融によるエントロピー変化)} \tag{2.7}$$

もう少しミクロな構造との関係で溶融を考えてみよう.

プラスチック材料の結晶の溶融は，表面エネルギー(surface energy)の大きい部分が不安定であり支配的となる．したがって溶融温度はラメラの表面状態で決まる．表面が不規則で凸凹なラメラは低い温度で溶融を開始する．ラメラ全体が溶融する温度を融点すると，プラスチック材料の融点はラメラの厚さで決まる(**図 2.19**)．大きさが無限大の結晶が溶融する仮想的な融点を平衡融点とよんでいる.

それでは，ラメラの厚さはどうして決まるか.

答えは，液体から結晶を発生させるときの温度(結晶化温度，crystallization temperature)によって決まるのである．結晶化温度が高いとラメラが厚くなる．したがって，高温で結晶化させたプラスチックペレットは溶融する温度が高くなる．あるプラスチック材料で流動しやすいものを得たいとき，すなわちプラスチック材料の融点を下げたいときは，薄いラメラからなる結晶性プラスチック材料を作製しておけばよいことになる．これらのことは，プラスチック材料の結晶化がゆっくり進むので，広い温度範囲で自由に結晶化温度を選べることを前提にしている.

この結晶化温度と溶融温度との関係は，Hoffman-Weeks のプロットとして知られており，**図 2.20** のようになる．各種の結晶化温度で結晶化させた試料をまず準備し，その融点を測定して，図にプロットしている．45° の直線は結晶化

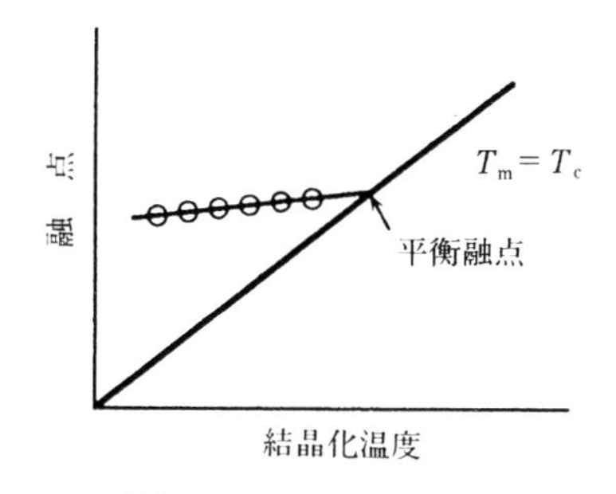

図 2.20 プラスチック材料の融点と結晶化温度との関係（○印は実験値）

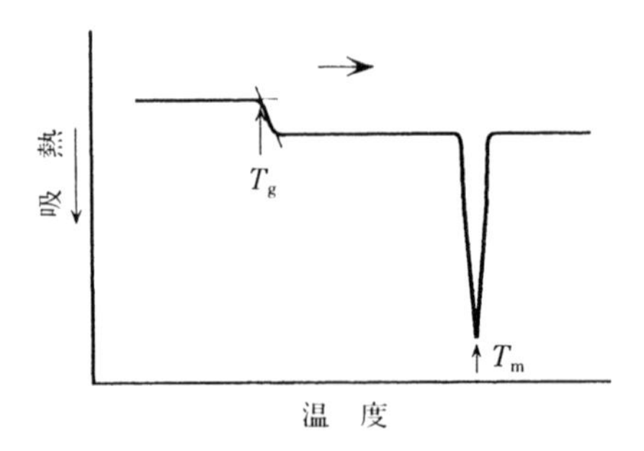

図 2.21　DSC による T_g と T_m の検出

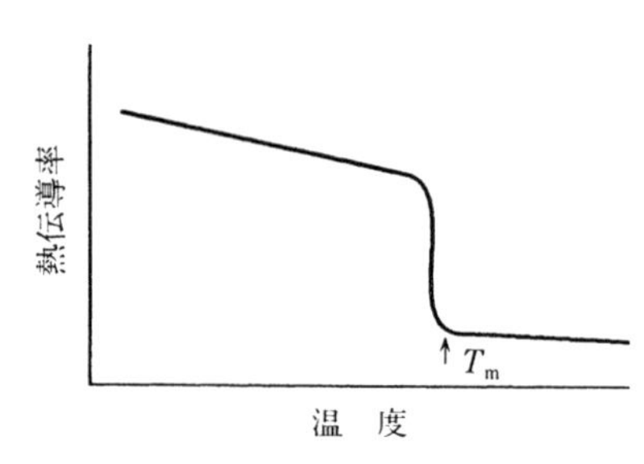

図 2.22　融点前後での熱伝導率の変化

温度と融点とが等しいと置いたときの直線である．プロットが得られる直線と45°の直線の交点は，融点で結晶化させた結晶の仮想的融点である．仮想的な平衡融点で結晶として存在できるのは無限大の結晶厚さのもののみである．したがって，この関係を利用すると，プラスチック材料のラメラの厚さ(あるいは微結晶の大きさ)が無限大に大きくなった場合の融点を求めることができる．この無限大のラメラ厚をもつ平衡融点は，固化過程での解析に必要な結晶化解析において重要となる．

融点はガラス転移点と異なって，昇温過程で定義される．これらは名称のとおりである．また，そのときの昇温速度依存性はあまり考えなくてもよい．ただし，非常に昇温速度が速くなると，試料のなかの温度分布が原因で，見掛け上，融点が高くみえるときがある．

融点の測定にはガラス転移点の測定と同様，比容積測定法，示差走査熱量計法(DSC)および熱伝導率測定法などがある．典型的な DSC 曲線を**図 2.21** に示した．ガラス転移点で比熱が変化するので，ベースラインの変化としてガラス転移点が検出され，融点では融解に伴う吸熱がピークとして現れる．一方，熱伝導率測定による融点の検出の例を**図 2.22** に示した．融点以下では熱伝導率は緩やかな変化を示すが，融点で急激に減少し，溶融状態ではほぼ一定値となる．

2.4.3　複合系プラスチック材料の流動化

複合系としてはブレンド，アロイ，コンポジットがある．これらは“流す”の立場からみると，流動化に必要な条件であるガラス転移点や融点が1つとしてみなせるものと2つ以上あるものとに分けて考えられる．前者は混ざっている大きさが非常に小さく(nm 程度の大きさ)，見掛け上均一とみなせる(均一複合系）．後者は逆に2種の材料が混ざっているとき，その分散状態が均一系の状態よりはるかに大きい場合で，ガラス転移点や融点が2つ以上出現する（不均一複合系）．

（1） 均一複合系

PSとPPO（ポリフェニレンオキサイド，poly(phenylene oxide)）のブレンドのように，たとえ2成分から成り立っていても互いに相溶性がある（miscible，分子レベルで混ざり合うことができる）場合は簡単である．ガラス転移点は1つであり，通常の1成分の非晶性プラスチック材料の流動化と同じに考えればよい．

2成分の均一複合系でのガラス転移点は，各成分のガラス転移点の加成性（additivity）によって求められる．3成分以上の均一複合系の場合もこれと同様に考えればよい．

注意しなければならないのは，ブレンドの場合で，流動や大変形によって均一状態が不均一状態に変化するものがある．この場合には，流動化および流動特性は複雑になる．ただし，このときには不均一構造を成形条件で制御できるという利点もある．

（2） 不均一複合系

2種類以上の互いに非相溶（immiscible）な非晶性プラスチック材料をブレンドしたときは不均一複合系となる．また非晶性プラスチック材料とガラス状態の無機材料（ガラス繊維など）とを複合したコンポジットでも，2種以上のガラス状態が不均一に混在する．これらの場合には，ガラス転移温度が成分の数だけ存在する．ただし，ガラス繊維強化プラスチック（FRP，fiber reinforced plastic）などでは，無機ガラス繊維のガラス転移点は600 °C以上であり，通常のプラスチック成形加工では流動化しないので，マトリックス（連続相）のプラスチック

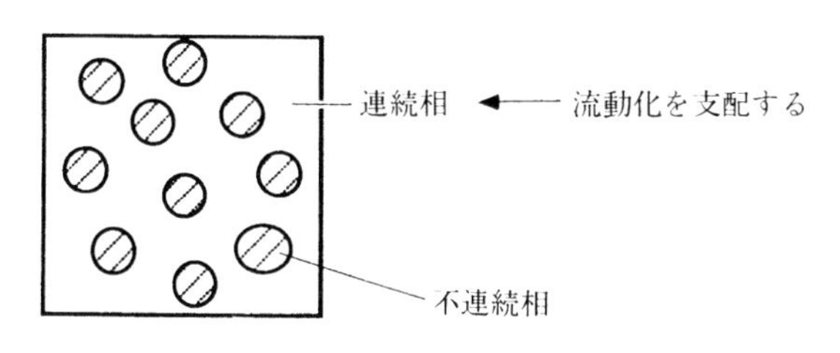

図 2.23 混合系プラスチック材料の流動化

材料のみが流動化に寄与する．

上記の非晶性複合系プラスチック材料の例として2成分系を考えると，温度上昇によって複合系プラスチック材料の温度は，2つあるガラス転移点のうち低温側のガラス転移点を越え，その成分がゴム化あるいは流動化する．この成分が連続相(たとえば海島構造の海)のときには，複合系プラスチック材料は低温側のガラス転移点以上で徐々に流動化することとなる(**図2.23**)．

これに対して，ガラス転移点の低い成分が不連続相(たとえば海島構造の島)となっている場合には，すぐには流動せず，2つあるガラス転移点のうち高温側のガラス転移点以上に温度が上昇して初めて，流動を開始する．

非晶性材料と結晶性材料の混在の場合も，どちらが連続相かで流動開始温度が決定できる．連続相が非晶性プラスチック材料であれば，そのガラス転移点以上の温度になると，流動化する．ただし，この場合には，ガラス転移点からある程度高温になってから徐々に流動を始める．

連続相が結晶性プラスチック材料であれば，その融点以上の温度で流動を開始する．このときには，融点よりわずかに温度が高くなると，速やかに流動を開始する．

結晶状態が不均一に混在している系は，連続相となっている材料の結晶の融点以上の温度になると，複合系プラスチック材料は流動を開始することとなる．

2.5　プラスチック材料の流動特性

2.5.1　プラスチック材料単体の流動特性

(1)　加工時間と緩和時間

流動を開始した後は，溶融体は金型へと流動することになる．その流動特性は，最も簡単には2種の物質定数で表すことができる．ひとつは物質時間定数(material time constant)であり，もうひとつは力学定数(mechanical constant)である．

物質時間は緩和時間(relaxation time)ともよばれ，簡単には液体状態の材料を金型のなかに流し込んだときに，ほぼ金型の形になるまでの時間である(**図2.24**)．

物質時間より短い時間で溶融体を金型に流しこんだときには，図2.24のa→b→cと進む．押しつける力を取り除くと，溶融体は金型の形にはならない．こ

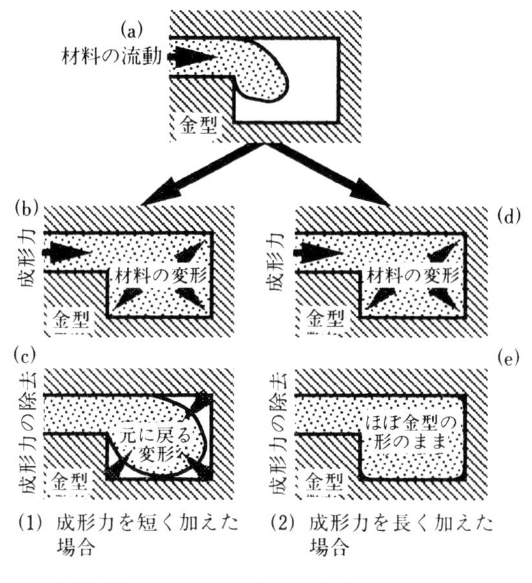

図 2.24 型に入った高分子溶融体の流動

れに対して，物質時間よりも長い時間で溶融体を金型に流し込むと，図 2.24 の a → d → e と進む．さらに簡単には水を考えると，一瞬にして金型の形になるが，高分子の液体は金型の形になるのに時間が必要である．

もっと厳密な説明は以下のようになされる．**図 2.25** に示すように材料に一定

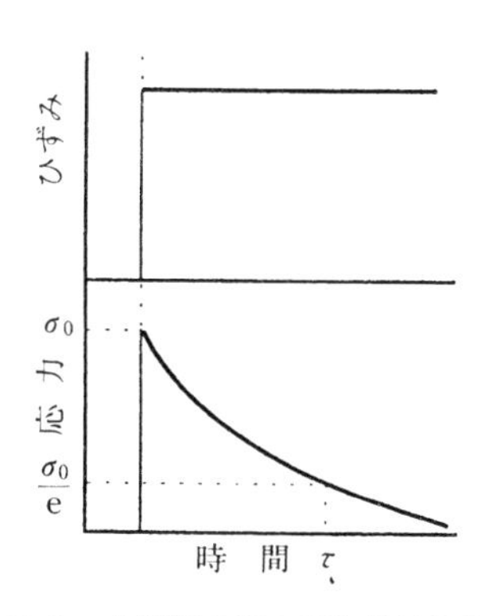

図 2.25 プラスチック材料の応力緩和曲線と緩和時間の定義

ひずみ(strain)を加えたとき，材料に発生する応力(stress)が時間とともに緩和する．このとき，1/e(≈1/2.7)まで応力が小さくなる時間を緩和時間と定義する．この緩和時間は，たとえば水では10^{-12} s以下であり，典型的な溶融プラスチック材料では0.01 sから100 s，これに対して架橋したゴム(たとえば輪ゴム)では1年以上にも達する(分解などがなければ無限大の時間)．

この緩和時間は，プラスチック材料以外の材料ではあまり問題とならなかったが，プラスチック材料では必要な概念であり，この考え方をマスターすることはプラスチック成形加工学を学ぶうえで極めて重要である．

実際の成形加工では，流動時間(加工時間(processing time))と緩和時間との組み合わせで，プラスチック材料はさまざまな振る舞いをする．したがって，プラスチック材料の流動を考えるときは，まず流動に特徴的な時間はどの程度かを考える必要がある．射出成形などでは最も速いほうの流動時間は10^{-6} s程度であり，遅いほうの流動時間は10^{4} s程度である．

緩和時間が流動時間に比較して十分短いときには，プロセスとしてはあまり問題なく，従来のニュートン流体(Newtonian fluid)の仮定が成立する．熱硬化性プラスチック材料のオリゴマー(硬化前の状態)などの流動はニュートン流体としての扱いで十分である．では，ニュートン流体とは何か？

$$\text{応力}=\text{粘度}\times\text{ひずみ速度} \tag{2.8}$$

の式において，粘度(viscosity)を一定として扱える流体をニュートン流体という．この場合には，粘度は時間にも，ひずみ速度にも依存しない．過去にどんな流動履歴(flow history)を受けたかにも関係がない．温度，圧力，分子量などの流動とは直接に関係しないパラメータのみに依存する値である．このニュートン流体では緩和時間を特に考える必要がなく，流動のパラメータとしては粘度のみで十分である．

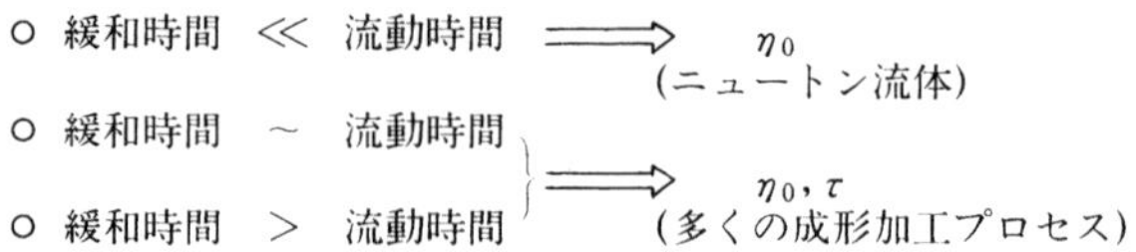

○ 緩和時間 ≪ 流動時間 ⟹ η_0 (ニュートン流体)

○ 緩和時間 ～ 流動時間 ⎫
○ 緩和時間 ＞ 流動時間 ⎭ ⟹ η_0, τ (多くの成形加工プロセス)

図 2.26　成形加工プロセスでの流動パラメータ（η_0 はニュートン粘度，τ は緩和時間）

プラスチック材料の加工プロセスでは，ニュートン流体としての振る舞いはむしろ珍しく，緩和時間が流動時間と比較し得る程度か，緩和時間のほうが流動時間よりも長いことが多い．この場合には式(2.8)の粘度は時間やひずみ速度に依存することになり，緩和時間が重要となる(**図 2.26**)．このようにして，多くの成形加工プロセスでのプラスチック材料の流動特性を表すパラメータには，粘度(弾性率でもよい，力学定数)と緩和時間(物質時間定数)の 2 種の定数が必要となる．

これらの値の具体的な測定手法として，ひずみ速度一定での応力測定がある．このとき，ひずみ速度が緩和時間の逆数からあまり離れていないことが必要である．式(2.8)から粘度を求め，これを時間に対してプロットすると**図 2.27** のようになる．長時間側で ひずみ が増しているにもかかわらず，粘度が一定(η_0)のところがある．この部分が，上述のニュートン流体に相当する．水ではこの一定値の部分しか我々は測定することができない．水のニュートン粘度は室温で約 1 mPa•s である．この一定値のニュートン粘度は，プラスチック材料を特徴づける重要なパラメータである．

もう 1 つのパラメータは時間パラメータで，図のようにニュートン粘度の約 6 割程度まで粘度が上昇するのに必要な時間をとることができ，これを緩和時間(τ)という(実際は緩和時間には分布があるが，その詳細は第II巻に記述してあ

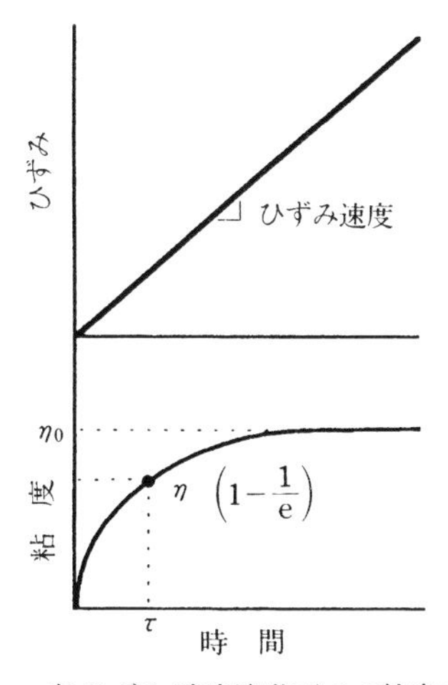

図 2.27　一定 ひずみ 速度流動下での粘度の時間変化

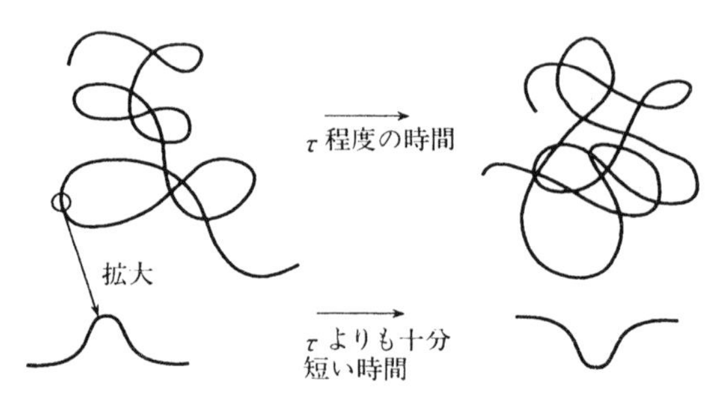

図 2.28　溶融プラスチック材料での分子の再配列の時間依存性

る．ここでは代表的な緩和時間のみを取り扱う）．

緩和時間は重要なので，より強く印象に残していただきたいのでもう少し違う観点からみてみよう．いま，溶融プラスチック材料中の1本の高分子鎖が時間とともにどのように動くかを考えてみよう．緩和時間程度からそれより長い時間が経過すると，1本の高分子鎖全体の形が，ブラウン運動(Brownian motion)で元の形とは大きく変化する．このとき，高分子鎖の重心も移動する(**図 2.28** の上の部分)．一方，緩和時間よりも十分短時間の範囲では，1本の高分子鎖は全体の形も変えることがないし，重心の移動もない．この短時間で動き得る領域としては，高分子鎖のごく一部のみが図 2.28 の下の部分ように動けるのみである．すなわち，上で述べた緩和時間は，高分子鎖全体が重心の移動を伴って変形するのに必要な時間である．

(2)　流動特性のひずみ依存性

変形量の小さいときには，粘度は流動状態に依らない．いい換えると，成形加工プロセスのどの部分であっても，高分子鎖の流動に伴う振る舞いは同じで，いずれのプロセスの流動様式も同じ粘度で記述でき，図 2.27 の曲線上にある．

変形量が大きくなると，多くの場合，流動状態によって高分子鎖の振る舞いが異なってくる．これに伴って，流動様式を定義する必要がある．**図 2.29** のように，キャピラリーの内部の流れはせん断流動(shear flow)で定義され，キャピラリーを出た後の流れは伸長流動(elongational flow)で定義される．このとき，せん断流動では上方の壁が動いた距離のギャップに対する比としてせん断ひずみ(γ)を定義する．伸長流動では伸ばされた後の長さの元の長さに対する比の対数で伸長ひずみ(ε)を定義する．これらのひずみが“1”より小さいときには小

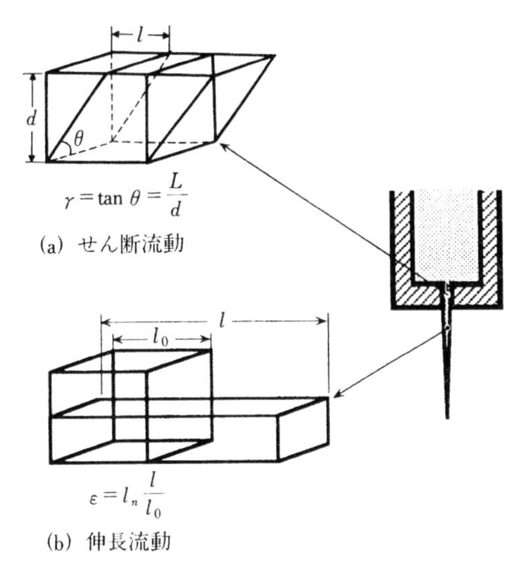

図 2.29 せん断流動と伸長流動における ひずみ の定義

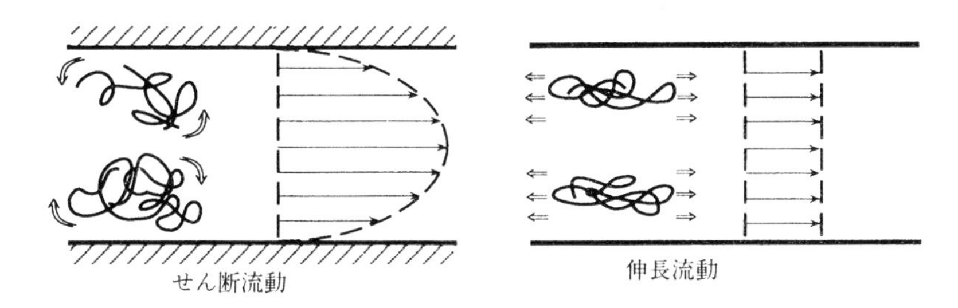

図 2.30 せん断流動と伸長流動における速度場と高分子鎖の変形

変形といい，“1”以上になると大変形とよんでいる．図 2.27 はひずみ(γ あるいは ε)が“1”以下の状態である．これらの時間微分がそれぞれせん断ひずみ速度(せん断速度とよばれることもある．$\dot{\gamma}$，shear strain rate)と伸長ひずみ速度($\dot{\varepsilon}$，elongational strain rate)である．

では，なぜこんな面倒なことを考える必要があるのか？

図 2.30 のようにキャピラリーのせん断流動では壁があり，壁の表面の高分子鎖は壁に引っ付いていて，流れない．キャピラリーの中心部が最も速く流れる．これに伴って，壁と中心との間にある高分子鎖は少し伸ばされると同時に回転

する．この回転がせん断流動の特徴である．これに対して，伸長流動では表面も中心部も同じ速度で流れ，流動速度に分布がない．したがって，高分子鎖は回転せず，効果的に伸ばされることとなる．このように，流動状態によって高分子鎖の伸ばされる程度が異なるため，成形加工工程の部分によって流動様式を区別しなければならない．

(3)　流動特性のひずみ速度依存性

ひずみ速度は前項の ひずみ の時間微分で定義される．これまで使用してきた加工時間あるいは流動時間は，厳密にはこの ひずみ速度によって記述できる．

プラスチック材料の溶融状態での流動特性の典型例を**図 2.31** に示した．ここでは，一定ひずみ速度の条件下での粘度の時間依存性を示している．せん断流動と伸長流動のいずれも，ひずみ速度が小さいとき($\dot{\gamma}_1$ と $\dot{\varepsilon}_1$)には図 2.27 と同じ曲線となる．

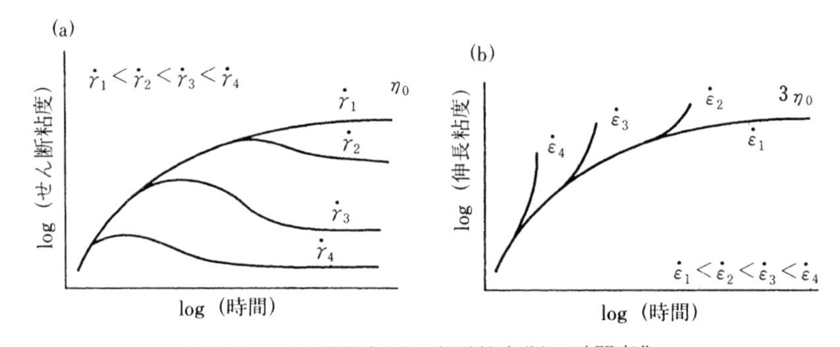

図 2.31　せん断粘度(a)と伸長粘度(b)の時間変化

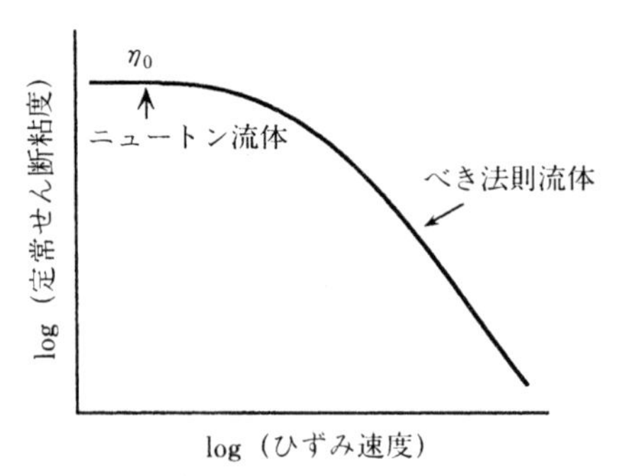

図 2.32　定常せん断粘度のひずみ速度依存性

ひずみ速度が大きいときには，粘度はせん断流動と伸長流動とでは異なる．

せん断流動では，ひずみ速度を大きくすると粘度は早めに減少し，やがては時間に依存しない定常状態に達する．このときの定常粘度は ひずみ 速度が大きくなるに従って小さくなる．定常粘度をひずみ速度に対してプロットすると，**図 2.32** のようになる．ひずみ速度が小さいところではニュートン流体であり，ひずみ速度が大きくなるとニュートン流体から小さい方に外れて，いわゆる非ニュートン流体(あるいは べき法則流体)へと移行する．成形加工プロセスに多いキャピラリー(毛管)流動は，この図 2.32 の高ひずみ速度側に相当する非ニュートン流体の状態で流動させることが多い．ニュートン流体の場合，せん断流動の抵抗はキャピラリー直径の 4 乗に反比例する．いい換えると，キャピラリーの穴径がちょっと細くなると溶融プラスチック材料は極端に流れにくくなる．しかし，非ニュートン流体の状態では，溶融プラスチック材料の粘度は高ひずみ速度になると大きく減少し，流れやすくなる．すなわち，高ひずみ速度では細い穴でも比較的容易に流れることになる．

伸長流動では，図 2.31(b)のように粘度はひずみ速度の増加とともに，早めに増大し始める．ひずみの大きい部分では，粘度低下を示すせん断流動とは大きく異なり，定常状態を得ることは困難である．緩和時間よりも速いひずみ速度での伸長流動では，高分子鎖はひずみ(＝ひずみ速度×時間)の増大とともにどんどん伸ばされるので，粘度は定常状態をもたず上昇し続けることになる．したがって，この場合，定常値の議論はできない．

ここで図 2.31 の低ひずみ速度流動の長時間側での粘度値は，ニュートン粘度に対応し，そのときの伸長粘度はせん断粘度の 3 倍になる．

(4)　流動特性の温度依存性

ニュートン粘度および緩和時間の温度依存性は，ガラス転移点(glass transition point)に近い部分では図 2.14 の曲線となる．この温度依存性は WLF 則に従っている．T_g＋100 ℃ 以上のニュートン粘度および緩和時間の温度依存性は WLF 式から外れて，より小さい温度依存性を呈するようになる．図 2.31 で温度を変化させたときは，図の曲線を 45 度の方向にシフトさせることになる．いい換えると，より低温の場合には，図の曲線を右にシフトし，同じ量だけ上にシフトさせた曲線がその温度の粘度曲線である(**図 2.33**)．図 2.32 の場合は，横

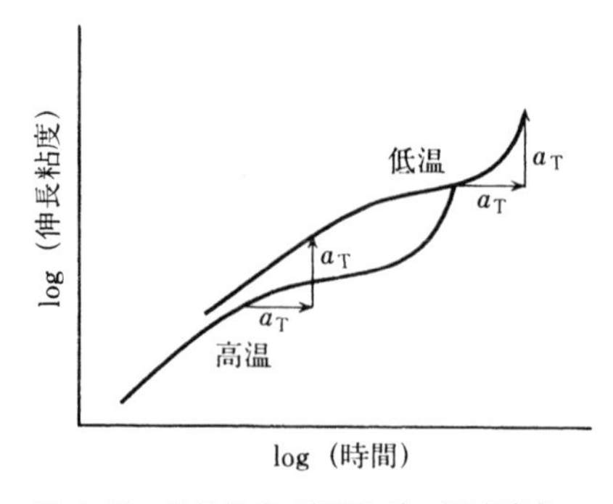

図 2.33　伸長粘度-時間曲線の温度変化に伴うシフト（a_T はシフト量）

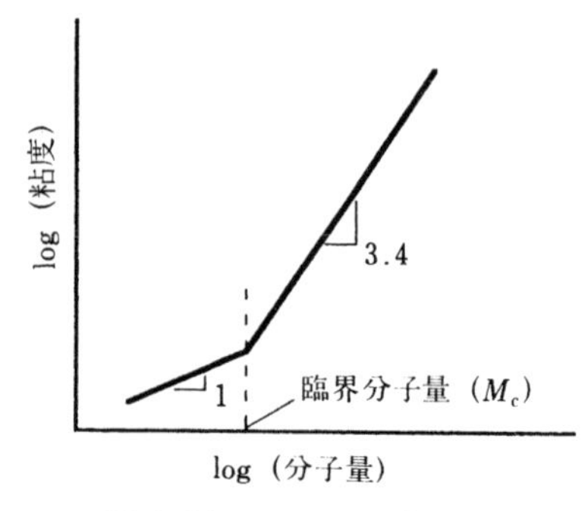

図 2.34　ニュートン粘度の分子量依存性

軸が時間の逆数の単位なので，135 度の方向にシフトさせると他の温度の粘度曲線を得ることができる．

（5）　分子構造と流動特性

プラスチック材料の流動特性は，構成している高分子鎖の長さに非常に敏感である．分子量が小さいところでは，粘度は分子量の 1 乗で増加し，臨界分子量（M_c）を越えると，粘度は分子量の 3.4 乗で増大する（**図 2.34**）．プラスチック材料では分子量が分布しているが，重量平均分子量（M_w）を用いると粘度が M_w の 3.4 乗で増大する．したがって，分子量を 2 倍にすると，粘度（あるいは緩和時間）は約 10 倍になることになる．

枝分かれや共重合などでも流動特性は変化するが，その特徴を一言で述べるのはむずかしい．その詳細は第II巻を参照されたい．

（6）　液晶高分子の流動特性

液晶高分子（liquid crystal polymer）は非常に低い粘度を示す．したがって，結晶から液晶への相転移後のプラスチック材料は非常に流動しやすい．また，液晶はしばしば数百 μm 程度の大きさの単位で同じ配向構造をもつドメイン構造をとるため，粒子複合系などと同様に降伏現象をもちやすい．粘度のひずみ速度依存性は，**図 2.35** に示すような曲線をとることが多い．低ひずみ速度側で粘度の急激な減少があり，その後にニュートン流体の特徴である一定値を示す．この低ひずみ速度での粘度の減少が降伏挙動に関係している．高ひずみ速度域では，高分子鎖の特徴である粘度の減少があり，いわゆる非ニュートン流体となる．

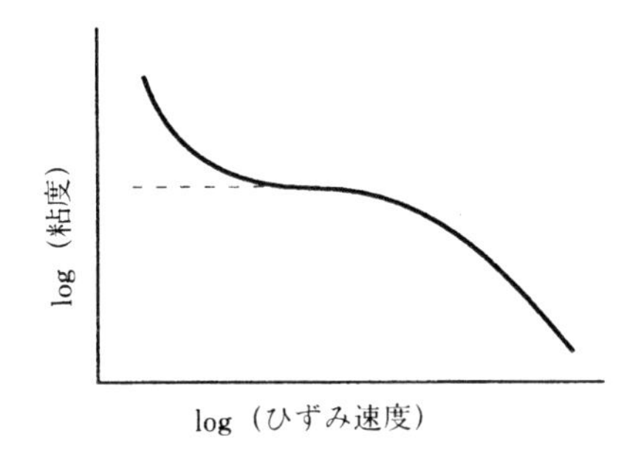

図 2.35 液晶性プラスチック材料の流動曲線

2.5.2 複合系の流動特性

多成分の複合でも均一複合系プラスチック材料であれば，流動特性を表すパラメータは簡単で，それぞれの成分の加成性で考えることができる．

$$(\text{緩和時間})_{\text{複合系}} = (\text{緩和時間})_{\text{A 成分}} \times (\text{分率})_{\text{A 成分}} + (\text{緩和時間})_{\text{B 成分}} \times (\text{分率})_{\text{B 成分}}$$

$$(\text{粘度})_{\text{複合系}} = (\text{粘度})_{\text{A 成分}} \times (\text{分率})_{\text{A 成分}} + (\text{粘度})_{\text{B 成分}} \times (\text{分率})_{\text{B 成分}}$$

また，プラスチック材料に低分子物質を添加するとガラス転移点が低下することがある．可塑剤(plasticizer)などはこの例である．この場合には粘度の温度依存性は，図 2.14 の曲線をガラス転移点が低下した分だけ低温側にシフトさせればよい．

もちろんこれは，流動するときの流動要素が流れに伴って変化しないことの必要条件のもとに成立する．大変形や，速い流動のときには，流動に伴って相分離(phase separation)などが発生することがある(このケースは本テキストシリーズ第II巻と第IV巻で詳しく取り扱う)．この場合には図 2.14 の考え方は適用できない．

さて，不均一複合系プラスチック材料の流動特性であるが，非連続相をなす粒子の濃度，分散性，形状と配向，変形などが流動特性に影響を及ぼす．

濃度依存性に関しては，粒子濃度が高くなると粘度が上昇し，緩和時間も長時間側に発生する．粘度の濃度依存性に対して多くの式が提案されており，その詳細は第II巻でまとめられているが，一般には粘度は濃度のべき乗に比例して増加する．べき指数は最も簡単には 1 を選ぶことができる．

粒子濃度がある程度大きくなった不均一複合系プラスチック材料の大きな特

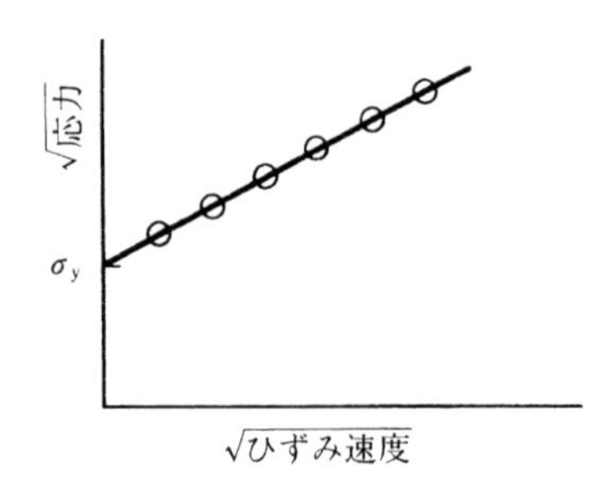

図 2.36　カッソンプロットによる降伏応力の求め方

徴は，降伏挙動があることである．粘度のひずみ曲線が前節の液晶の項で述べたように図2.35のようになる．また，降伏値は**図2.36**のようなプロットの縦軸切片の応力値から求めることができる．これはカッソンプロット(Casson plot)とよばれているものである．

不均一複合系プラスチック材料の場合，基材(マトリックス材)としてのプラスチック材料の粘度が一般に高く，粒子などの分散度がどうしても悪くなる．したがって，分散性が流動特性に最も敏感に影響する．一般には分散性が悪いほど粘度が低い．これは同じ濃度で分散粒子径が大きい場合，あるいは粒子径の分布の広い場合に相当する．同一濃度では，粒子径が小さいほど，また分布が狭いほど，粒子間相互作用が大きい最密充塡の状態をとりやすいから複合系材料の粘度が大きくなる．

充塡粒子の形状はもちろん流動挙動に影響を及ぼすが，よく調べられているのは球状と繊維状である．その他の形については，その特徴と粘度との相関はあまりよくわかっていない．球状の場合は半径が大きくなれば粘度が減少する．繊維の場合にはアスペクト比(繊維の直径に対する長さの比，aspect ratio)が大きいほど粘度が大きくなる．さらに，繊維の場合には配向すると粘度が減少する．これは液晶の粘度が低いのと同様に考えればよい．

非相溶系のブレンド，空気との混合系や変形しやすい粒子のようなものでは，粒子の変形が流動性にとって重要な因子となる．粒子が変形するときは一般に粘度が増加する．

第3章　形状の付与
"形にする"プロセスの特徴とプラスチック材料内に生じる現象

前章で述べたプラスチック材料に対する流動性付与の目的は，プラスチック材料に形状を付与しやすくすることである．逆にいえば，プラスチック材料を所定の形状に成形する方法やプロセスは，その前段階である“流す”プロセスで，プラスチック材料にどの程度の流動性が付与されるかによって種々のものが存在することになる．本章では，これらの形状の付与の方法とプラスチック材料の流動性ならびにプラスチック材料内に生じる現象との関連を述べていくことにしよう．

3.1　“形にする”プロセスの概念

プラスチック材料に形状を付与する方法には，切削加工や接着などによる組立，塑性加工や溶融加工などが考えられるが，プラスチック成形加工では，プラスチック材料を溶融し成形する溶融加工を伴う手法を用いるのが普通である．これはプラスチック材料が比較的簡単な操作によって流動性を呈するようになるためである．

材料を所定の形状に形づくるためには，材料をその形状に変形させる必要がある．一般に固体材料に外力を加えていくと変形が生じる．この形状は，材料力学的な観点からいえば，外力が小さいときに生じる弾性変性(elastic deformation)と，さらに大きな外力が印加されたときに生じる塑性変形(plastic deformation)に分けられる(**図3.1**)．これらのうち弾性変形は，応力(stress，単位断面積あたりの力)とひずみ(strain，元の長さに対する変形量の割合)が比例し(比例定数は一定とは限らない)，外力が除去されると元へ戻るため，これを用いて材料に形状を付与することはできない．したがって成形加工ではもっぱら材料の塑

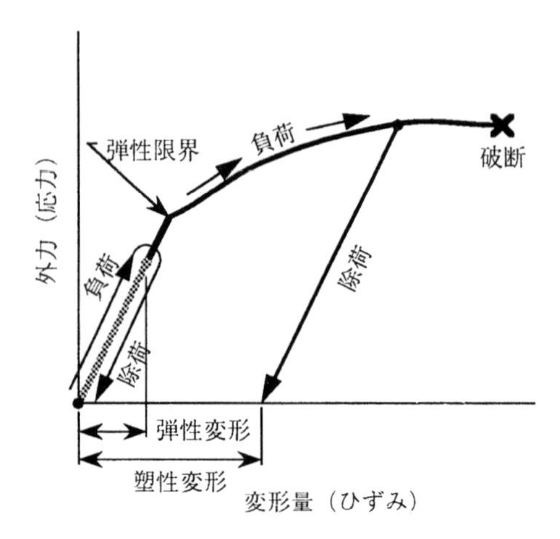

図 3.1　材料の変形と外力の関係

性変形が利用される．一方，塑性変形は非復元変形(ひずみ)のことであり，流体力学的な立場からは，材料の流動(flow)ととらえることが可能である．したがって，前章に述べた“流動性の付与”とは，プラスチック材料に対して，塑性変形が弾性変形に比べて十分に大きくなるような性質を付与することと考えて差し支えない．

これらの材料の変形と外力との関連を扱う学問領域がいわゆるレオロジーであり，材料のレオロジー挙動は**図 3.2** のように整理される[1]．成形される材料が図 3.2 中のどのような変形挙動をとるにせよ，材料に形状を付与するためにはこれに外力を印加することが必要であり，これが“形にする”プロセスの骨子にほかならない．成形加工プロセスの効率化という意味では，成形に要する力は小さいほど望ましく，このためプラスチック成形加工では形にするプロセス以前に，前章で述べた材料に流動性を付与する工程を踏むことが普通である．

金属材料の成形加工では，流動性を付与する工程を経ずに，固体状態にある金属に直接外力を印加して形状を付与する成形法(鍛造成形など)が利用されることがあるが，この方法では成形力が大きいことに加えて，材料の特質上，プラスチック成形加工に適用されることはほとんどない．すなわち，固体状態におけるプラスチック材料は，一部の金属材料に比べて塑性変形によって変形で

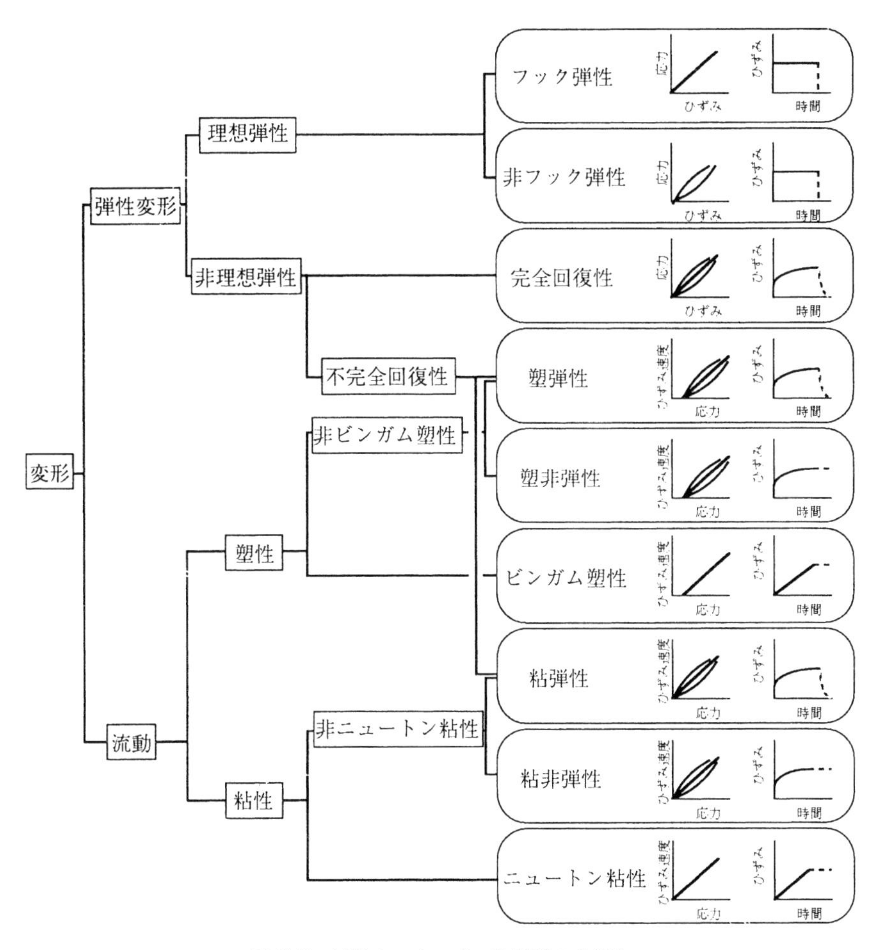

図 3.2 材料のレオロジー的挙動の分類[1)]

きる範囲(いわゆる延性)が大きくなく，これを越えてプラスチック材料を変形させると，破断が生じたり材料の強度が極端に低下するなどの問題を生じる．したがって，プラスチック材料に流動性を付与する工程の役割を，形にするプロセスにおける大きな塑性変形(流動)に，材料が耐えるようにすることととらえることもできる．

繊維の紡糸やフィルム成形(後述)などでは，成形されるプラスチック材料が流動性を呈しなくなった後にも再度，外力を印加して変形を生じさせ，最終的な成形品を得ることが行われている．これは成形品内の高分子鎖を意図的に配列させ，製品の(ある方向の)強度を高めるためである．これらの成形は，固体の塑性変性を利用したものととらえることも可能であるが，この段階における変形量は全プロセスを通しての変形量に比べて小さく，当然，成形材料が塑性変形範囲を超えて変形させられることはない．

プラスチック材料に形状を付与するために利用されている手法の実際については本章の後半で詳しく述べるが，いずれの成形法においても，成形力とプラスチック材料の変形との関連を正確に把握することが成形の成否を評価し予測するために重要であるので，次節では両者の関係を評価するための概念と基礎理論について述べよう．

3.2　成形力とプラスチック材料の変形挙動の関係

3.2.1　粘弾性の概念と基本要素

一般に，物体の変形は印加される外力の大きさに関係している．すなわち，図

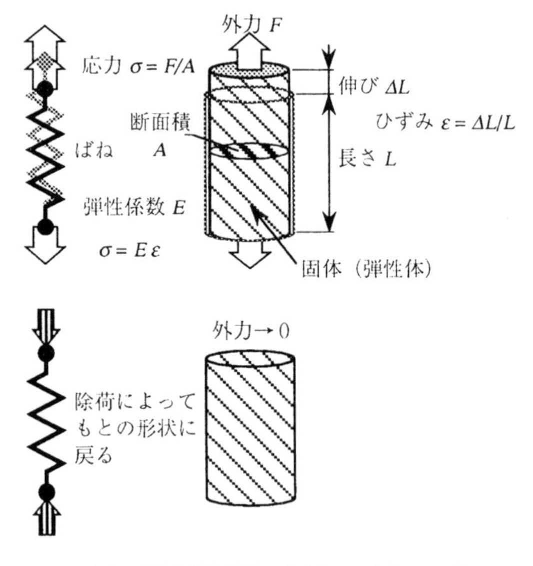

図 3.3　材料(弾性体)に作用する応力とひずみ

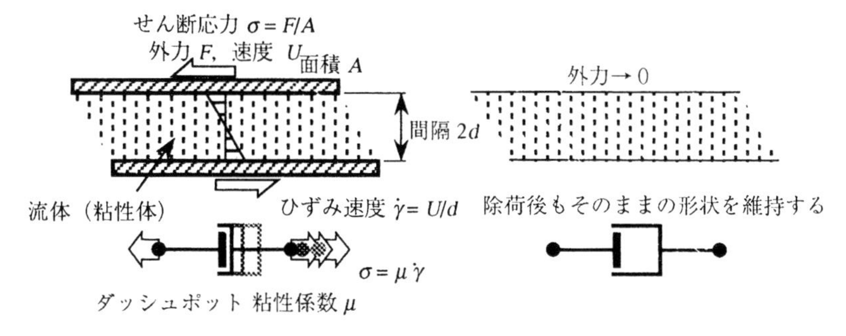

図 3.4　流体(粘性体)に作用するせん断応力とひずみ速度

3.3 に示したように，物体の微小ひずみ(変形量を元の長さで除したもの) ε はそれに印加される応力(単位断面積あたりの力) σ によって，

$$\varepsilon = \frac{\sigma}{E} \tag{3.1}$$

と表される．ここで E は比例定数で，物体が弾性体である場合には(縦)弾性係数(elastic modulus)とよばれる一定値となるが，一般にはひずみ量やひずみ速度などの関数である．式(3.1)からわかるとおり，このような形に整理できる変形は，印加される応力 σ がなくなると 0 に戻るから，プラスチック材料に形状を付与する成形加工の本質たり得ない．

一方，流体のように除荷された後もその形状を維持する物体の変形は，印加される荷重(応力)とひずみ速度(単位時間あたりのひずみの増加量)との関係で整理されるのが普通である．すなわち，流体のひずみは**図 3.4** のように，物体のひずみ速度を $\dot{\varepsilon}$，印加される外力を σ とすれば，

$$\dot{\varepsilon}\left(=\frac{\partial \varepsilon}{\partial t}\right)=\frac{\sigma}{\mu} \tag{3.2}$$

と表される．ここで比例定数 μ は粘性係数(viscosity)とよばれる値であり，物体がニュートン流体である場合には一定値であるが，一般にはひずみ速度などの関数である．式(3.2)のように整理される変形では，物体に印加された荷重を除いても ひずみ速度が 0 となるだけで，それまで生じていた ひずみ はそのまま維持されるから，物体に形状を付与する目的にはかなっている．

成形加工では式(3.2)によって整理される変形を利用するのであるが，実在する物体は上記の2つの性質を必ず合わせもっており，その一方のみを生じさせることは厳密には不可能である．すなわち，一般の物体の変形は，

$$\sigma = E\varepsilon + \mu\dot{\varepsilon} \tag{3.3}$$

あるいは，

$$\dot{\varepsilon} = \frac{1}{E}\frac{\partial\sigma}{\partial t} + \frac{1}{\mu}\sigma \tag{3.4}$$

と考えることができる．このような取り扱いをする物体を“粘弾性体(viscoelastic body)”という．粘弾性体の挙動は，図3.3と図3.4内に示した弾性体と粘性体の模型表示を組み合わせて，**図3.5**(式(3.3)に相当)あるいは**図3.6**(式(3.4)に相当)のように表すことができる．これらの模型表示は粘弾性物体の変形挙動を記述するための最も簡単なモデルであり，それぞれ“Voigt要素”(図3.5)，“Maxwell要素”(図3.6)とよばれる．

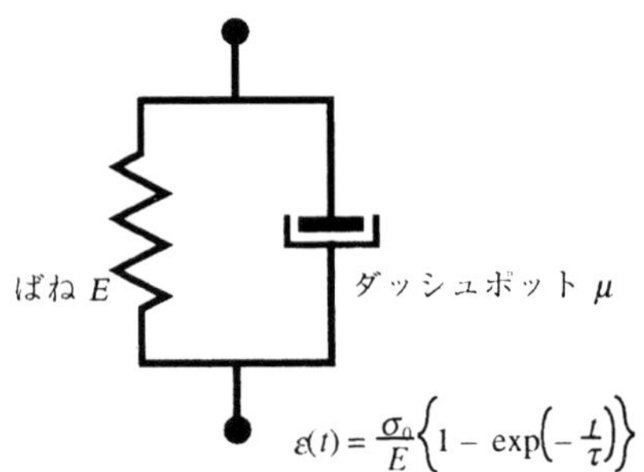

図 3.5　Voigt要素(粘弾性固体要素)

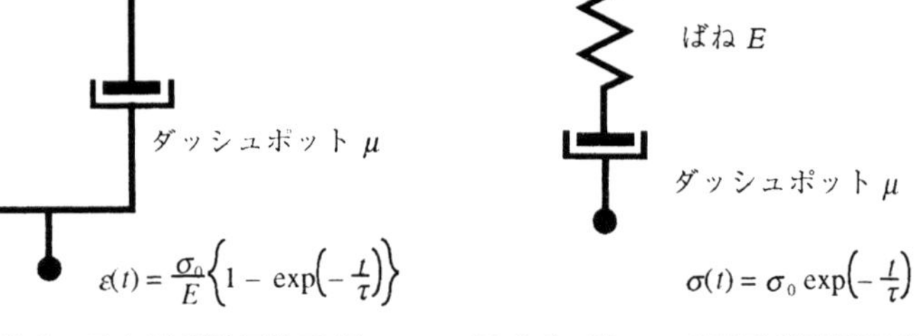

図 3.6　Maxwell要素(粘弾性流体要素)

図3.5に示されるVoigt要素にある時刻 $t=0$ から，一定の応力 σ_0 を印加したときの要素のひずみ ε は，式(3.3)を解いて，

$$\varepsilon(t) = \frac{\sigma_0}{E}\left\{1 - \exp\left(\frac{-t}{\tau}\right)\right\} \tag{3.5}$$

なる時間の関数として求められる．ここでは τ は μ/E である．すなわち，Voigt要素に一定の応力を印加しているとひずみは徐々に増加していき，十分長い時間が経過すると σ_0/E なる一定値に漸近する(**図3.7**)．このような挙動を“クリープ(creep)”といい，クリープの速さは式(3.5)中の τ の値の大きさ，すなわ

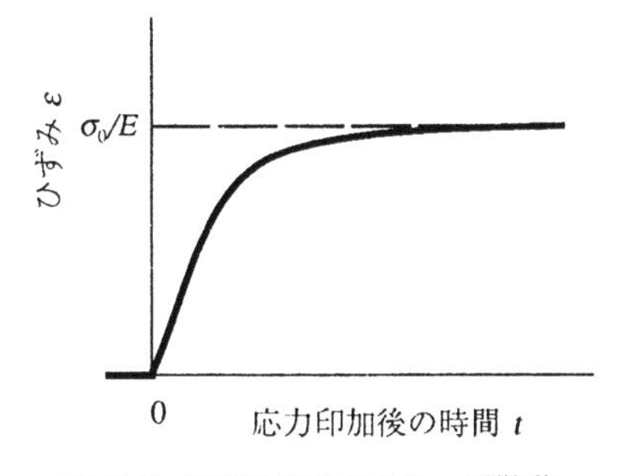

図 3.7 粘弾性固体のクリープ挙動

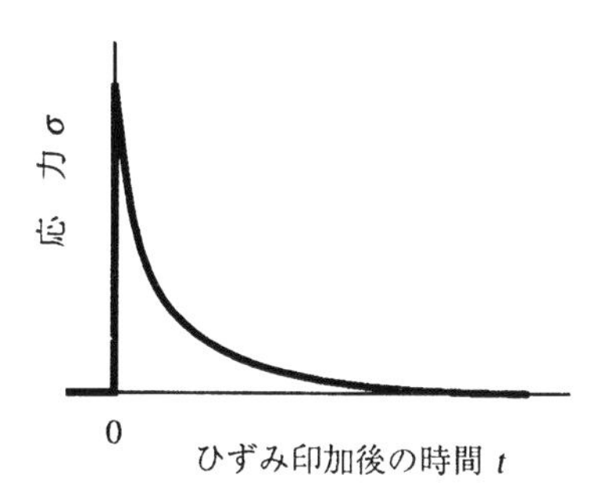

図 3.8 粘弾性流体の応力緩和

ち要素内のばねの剛性率とダッシュポットの粘性率の比 μ/E で決まる．この τ を“遅延時間(retardation time)”とよび，1つの Voigt 要素に固有の値である．

一方，図 3.6 の Maxwell 要素にある時刻 $t=0$ から一定のひずみ ε_0 を生じさせるために必要な応力 σ は，式(3.4)を解くことにより，

$$\sigma(t)=\sigma_0\exp\left(\frac{-t}{\tau}\right) \tag{3.6}$$

という時間の関数として求められる．ここで σ_0 は $E\varepsilon_0$ であり，τ は μ/E である．式(3.6)からわかるとおり，Maxwell 要素に一定の ひずみ を生じさせるために必要な応力は，時間とともに指数関数的に減少する(**図 3.8**)．このような現象を“応力緩和(stress relaxation)” といい，応力緩和の速さは式(3.5)中の τ の値の大きさで決まる．この場合の τ を“緩和時間(relaxation time)”とよび，1つの Maxwell 要素に固有の値である．

3.2.2 プラスチック材料の粘弾性挙動

上で述べたいずれの要素においても，印加される応力とそれによる ひずみ との関係は時間の関数となる．たとえば Maxwell 要素にステップ状の応力を印加したとすると，それによる要素の ひずみ は**図 3.9** のようになる．すなわち Maxwell 要素は，応力印加直後にばねの伸びに相当する ひずみ を生じ，それ以降は一定の速度で ひずみ を増していく．この応力印加直後に生じる ひずみ が材料の“弾性的” 挙動を示し，それ以降の ひずみ の増加が “粘性的” 挙動を表す．さらにこの応力を急に除去したとすると，図 3.9 中に示されているように，弾性ひずみは元へ戻るが，それ以外の変形はそのまま維持される．これに対して，Voigt

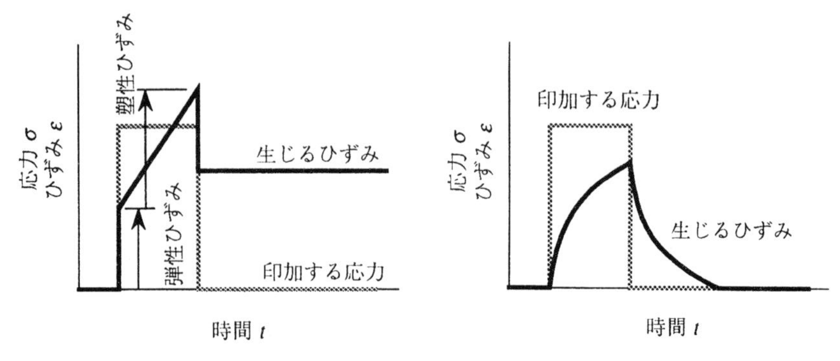

図 3.9　粘弾性流体の変形挙動

図 3.10　粘弾性固体の変形挙動

要素に同様の応力を印加すると瞬時には ひずみ は発生せず，クリープ挙動を示しながら徐々に ひずみ が増加し，十分長い時間が経過した後には一定の ひずみ を呈する(**図 3.10**)．またこの荷重を急に除去しても ひずみ 量はただちには変化せず，徐々に減少して 0 に戻る．これらのことから，図 3.5 の Voigt 要素は“粘弾性固体”の挙動を表す要素であり，図 3.6 の Maxwell 要素は“粘弾性流体”の挙動を表す要素であるといわれる．

前述のとおり粘弾性体は，理想固体(弾性体)としての性質と理想流体(粘性体)としての性質とを合わせもつ材料である．したがって粘弾性体における流体と固体の区別は簡単ではないが，一般には一定の荷重を印加して十分長い時間保持したとき，ひずみが一定値に漸近するものを固体，無限に大きな ひずみ を生じるものを流体とすることが多い．実在する物質(たとえばプラスチック材料)が固体であるか流体であるかも上記の基準により判断できるが，この際，問題となるのが“十分長い時間”がどの程度であるかである．たとえば，多くのプラスチック成形品は普通の生活にかかわる時間(〜数年位まで)の範囲では，応力の印加による ひずみ は一定値で留まっているから固体とみなせる．しかし，それよりずっと長い時間スケール(たとえば数百年の単位)では，応力による ひずみ は一定とはみなせず，流体的な振る舞いをする．したがって，粘弾性物質が固体であるか流体であるかは，材料の遅延時間・緩和時間(両者をまとめて“物質時間(material time)”という)と現象を観察する時間スケールとのかねあいで決まる．

このことを踏まえて，プラスチック成形加工における「流す・形にする・固める」という3つの素プロセスを考えると，それを通してプラスチック材料に生じる(あるいは生じさせるべき)現象がよくみえてくる．すなわち，プラスチック成形加工では，現象を観察する時間は材料に力を印加したり，それによってひずみが生じたりする時間であり，その間に材料が固体的振る舞いをするか液体的振る舞いをするかは，そのときの材料の物質時間と成形力印加・ひずみ発生の時間スケール(加工時間)との相対関係で決まることになる．

したがって，プラスチック成形加工の“形にする”プロセスで，材料に流体的振る舞いをさせるためには，材料の物質時間を加工時間より短くすることが必要であり，そのために採られる工程が“流す”プロセスに相当する．一方，成形された材料が，それを使用する時間スケールのなかで固体的に振る舞うためには，材料時間が日常の時間スケールより長いことが必要であり，材料の物質時間をそのように変える工程が“固める”プロセスである．

材料に流動性を与え，それに形状を付与し，再び固体化する成形加工プロセスを通して，プラスチック材料の変形と成形力の関係を前述のVoigt要素とMaxwell要素を使い分けて表現するのは煩雑である．また，厳密にいえば一般のプラスチック材料のクリープ挙動や応力緩和挙動は1つの物質時間で表せるほど単純ではない．そこで成形加工プロセスにおけるプラスチック材料の挙動を図3.5や図3.6の模型をいくつか(場合によっては三次元的に)組み合わせた模型を用いて表すことが多い．

図3.11と**図3.12**は，プラスチック材料のこのような挙動を表すことができるよう工夫された粘弾性模型の最も単純な例であり，それぞれVoigt要素とMaxwell要素をいくつか接続した形をしている．前者を“一般化Voigt模型(generalized Voigt model)”，後者を“一般化Maxwell模型(generalized Maxwell model)”とよぶ．

このようなモデルでは，ばねとダッシュポットの組合せが複数あり，それらで決まる物質時間も複数存在することになる．このような粘弾性物質に力を加え続けると，まずこれらのなかの物質時間が短い部分に変形が生じ，しかる後に物質時間の長い部分へ順に変形が進んでいく．この様子を経過時間に対してプロットしたものが**図3.13**である．この図に示されるように，実際のプラスチ

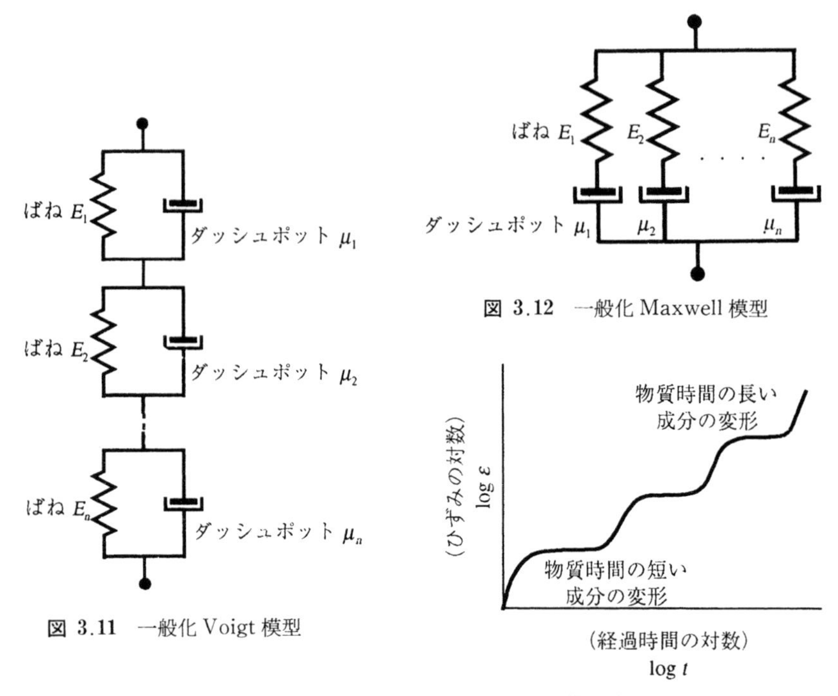

図 3.11　一般化 Voigt 模型

図 3.12　一般化 Maxwell 模型

図 3.13　物質時間に分布を有する粘弾性物体の変形挙動

ック材料の物質時間（図 3.13 の場合は遅延時間）には分布があり，“緩和スペクトル（relaxation spectrum）”あるいは“遅延スペクトル（retardation spectrum）”とよばれる物性値で表される．このような性質はプラスチック材料が固体状態になっても流動性を有していても，物質時間のスケールと異なるものの，同様である．

このような物質時間に分布を有する材料に，ある加工時間のスケールで外力を印加したとしよう．このとき，材料内の物質時間が加工時間のスケールより短い部分の要素は流体的に振る舞い，塑性変性（非復元変形）を生じる．一方，物質時間が加工時間のスケールより長い要素は，固体的に振る舞って弾性変形を生じるから，その変形は外力が除去されれば元に戻る．したがって，プラスチック成形加工における“形にする”プロセスをこのような粘弾性挙動の観点からみると，プラスチック材料に外力を印加することで始められる形状の付与は，粘弾性要素中の物質時間が加工時間より短い部分にひずみ(変形)を生じさせることとみなすことができる.

この際，物質時間の短い成分は成形力によって自在に成形できるが，物質時間が加工時間より長い部分にも成形力が配分されているから，これが材料の変形に影響を与え，成形を阻害することもあるし，これによって成形をスムーズに行わせることもある．物質時間の短い成分の変形量と長時間成分の変形量との関係は，材料の物質時間分布(緩和・遅延スペクトル)と加工時間とのかねあいで決まり，できる限り短時間成分の変形を大きくするようにとられる処置が，形にするプロセス以前に行われる流すプロセスであることはすでに述べた.

個々の成形方法や成形品におけるプラスチック材料の変形挙動の詳細な予測には，プラスチック材料の粘弾性挙動を正確に取り込んだコンピュータシミュレーションなどが必要であり，本テキストシリーズでは第V巻で詳述されるので，ここではこれ以上触れない．しかし，プラスチック材料の粘弾性挙動と成形に伴う変形との関連を大づかみにしておくことは，さまざまな成形手法の形にするプロセスとその際にプラスチック材料に生じる現象を理解するうえで重要であると考えられるので,次節にこのための概念について述べることとする.

3.3 エネルギーの観点からみたプラスチック材料の成形

粘弾性挙動を呈するプラスチック材料に形状を付与することの本質は，物質時間の短時間成分を変形させることであることは前に述べたとおりである．成形力によって複雑な粘弾性挙動を示す実在プラスチック材料の，どの程度の時間成分に ひずみ を生じさせるかは，プラスチック材料の性質と成形力の印加方法，印加速度などの関連によって決まるが，いずれの短物質時間要素が主に変形するにせよ，プラスチック材料が粘弾性挙動を呈する以上，成形材料の物質時間の短時間領域のみに成形力を配分することはできず，必ず長時間領域にも成形力が配分される(図3.14).

物質時間の長い成分に生じた ひずみ は印加された外力が除去されると元へ戻ろうとし，結果として成形したプラスチック材料の形状を“ひずませる”こととなる．このような現象は粘弾性物質が元の形状を覚えているかのように振る舞うことから“記憶現象(memory)”とよばれ，金属の塑性加工分野における“ス

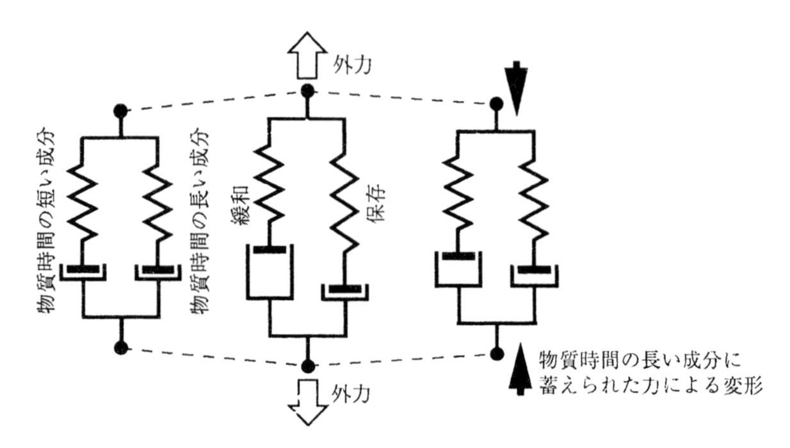

図 3.14　物質時間の長い成分に蓄えられた変形エネルギーによるひずみ

プリングバック”と同様，成形精度を低下させる要因の１つである．

記憶現象の発現は，成形される材料に加えられたエネルギーの保存と損失から考えると理解しやすい．すなわち，形にするプロセスではプラスチック材料に成形力を加えながら変形させるから，材料は外から仕事をされる（エネルギーを与えられる）ことになる．成形に伴いプラスチック材料に加えられたエネルギーは，材料の全物質時間領域に配分されるが，短時間成分に分配されたエネルギーは，保存されず材料の変形に伴い熱として放散されるのに対して，長時間成分に配分されたエネルギーは変形（成形）が終了後もそのまま保存される．材料内にエネルギーが保存されるということは，材料自身がそのエネルギーによって変形できることを意味し，この変形が顕在化したものが記憶現象である．したがって，プラスチック材料の成形性を向上させ，成形品の精度を向上させるためには，成形に伴いプラスチック材料に加えられるエネルギーを成形プロセス中で放散させ，成形後の材料内に残さないことが重要であるといえる．

プラスチック成形加工における形にするプロセスでは，意識的に実施しているか否かは別として，記憶現象の発現による成形精度の低下をつぎの３つの方法で抑止している．

①　成形中はプラスチック材料の物質時間を短時間領域の成分が多くなるようにする（流動性の付与）．

② 成形終了後もしばらくの間プラスチック材料を所定の形状に保っておく．

③ 成形終了後のプラスチック材料の物質時間の長時間領域成分を増加させる（材料の固化）．

①の方法は，成形に伴うプラスチック材料の変形を物質時間の短時間領域に集中させ，長時間領域に分配されるエネルギーを小さくすることで，成形力除去後の記憶現象による変形を小さくするものである．プラスチック材料に対してこのような性質を与えることが流動性を付与することの本質であり，そのための操作が形にするプロセスに先立って行われる流すプロセスにほかならない．前章でも述べたとおり，プラスチック材料，特に熱可塑性プラスチック材料では，温度を上昇させることで極めて簡単にこのような性質が発現するため，精度の高い製品のnet-shape成形が金属などの材料に比べて容易に実現できる．しかし流すプロセスで流動性を付与したとしても，粘弾性挙動を示すプラスチック材料の弾性的性質を完全になくすことはできず，わずかな記憶現象による変形の発現が高精度の製品の成形の障害となることがある．逆に，紡糸やフィルム成形，ブロー成形などで材料に成形力を印加し続けても材料がとぎれないのは，材料が流動性を有していても一方で弾性的性質を失わずにいるためであり，この場合には長物質時間領域の存在は成形を補助していることになる．

これに対して②の方法は，成形に伴う物質時間の長い成分に配分され，保存されたエネルギーを成形品全体の形状を保ったまま短時間成分に内部再配分することで，記憶現象発現の要因となる長時間成分の保存エネルギーを小さくするものである（**図3.15**）．このエネルギー再配分は先に述べた応力緩和過程に相当し，このためにはある程度の時間（緩和時間）が必要である．プラスチック材料の緩和時間は材質，条件などによって異なるが，成形に適するように流動性を付与されたプラスチック材料の場合，0.1〜数秒程度の長さであることが多い．したがって，成形後この程度の時間所定の形状を維持しておけば，プラスチック材料の記憶現象による成形精度の低下はほぼ抑止できるといえる．ただし，形状を保持している期間，あるいは形状を付与するプロセスそのものの間にプラスチック材料の固化が進展するような成形法においては，固化に伴いプラスチック材料の緩和時間が急激に増大することから，長時間成分に蓄えられた成形エネルギーの単時間成分への再配分・放散が十分に行われないことに注意する

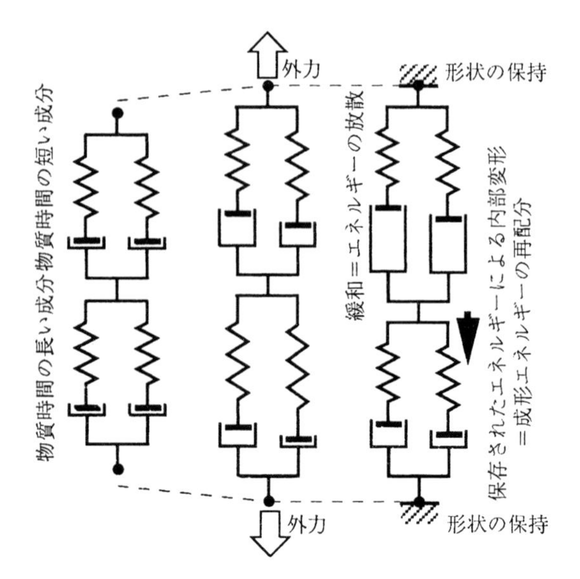

図 3.15　成形エネルギーの再配分・放散による変形の抑止

必要がある．

図 3.16 は，熱可塑性プラスチック材料（この場合 PS（ポリスチレン））の射出成形における金型内材料に発現する複屈折（birefringence）分布の時間変化を光弾性法によって可視化したものである[2]．ここで観察される縞は材料内の等複屈折線であり，ばね要素に保存されるエネルギー量そのものを表すわけではないが，ここに示した範囲では，ほぼそれに相当するものと考えて差し支えない．このことを踏まえて図 3.16 をみると，プラスチック材料に形状を付与するプロセスで材料に力が加えられている間，すなわちプラスチック材料が金型キャビティ内を流動している間は，成形力によるエネルギーの印加と物質時間の短い成分へ配分されたエネルギーの放散とが釣り合って，時間とともに変化しない分布がみられる（図 3.16(a)）．

この分布に相当する長時間成分に保存されるエネルギーは材料内に蓄えられているから，これがプラスチック材料の流動に伴い，金型壁面との摩擦によって生じるせん断応力の分布に対応することは容易に理解される．成形力がなく

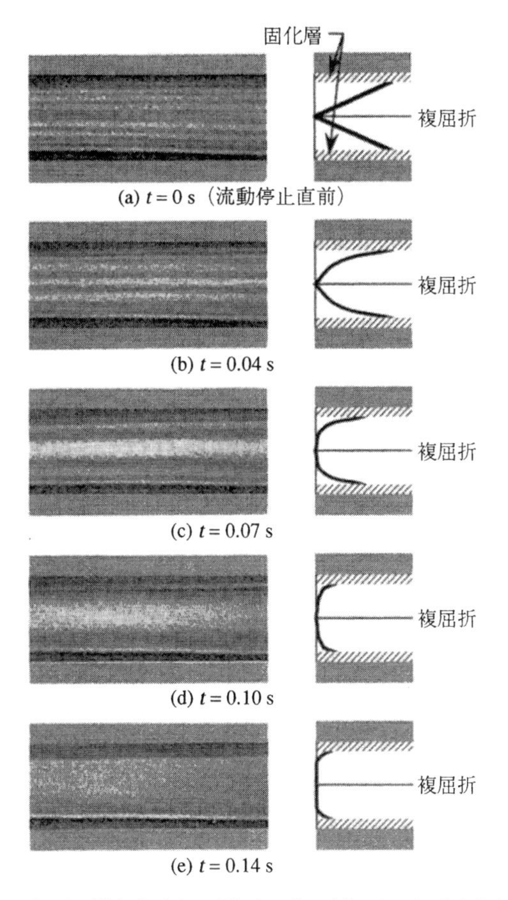

図 3.16 射出成形中の PS 内の複屈折分布の経時変化[2)]

なり材料の流動が停止すると，長い物質時間成分に保存されているエネルギーは，短時間成分へ徐々に再配分・放散されていく．それにつれて，プラスチック材料内にみられる等複屈折線も徐々にその本数を減じていき(図 3.16(b)～(e))，約 0.2 秒後には成形材料中央部にはほとんど等複屈折線がみられなくなる．

この状態では材料内の変形エネルギーのほとんどが放散されており，記憶現象による変形が生じるおそれはない．しかし，最終状態の複屈折分布の可視化写真にみられるように，壁面近傍のプラスチック材料内には等複屈折線が残留しており，この部分での変形エネルギーの放散が十分ではないことがわかる．これは壁面近傍のプラスチック材料が冷たい金型に接触することで冷却され，その部分の材料の緩和時間が極端に長くなり，結果として金型中央部の材料内の変形エネルギーが放散されるまでの時間では十分な緩和が起こらなかったためである．

材料の物質時間が長い成分へ配分される変形エネルギー量を少なくし，あるいは長時間成分に蓄えられた変形エネルギー量を材料内で短時間成分に再配分することで放散させる①，②の方法に対して，③の方法は長時間成分への配分エネルギー量はそのままに，物質時間を長くすることで，同一エネルギーによる変形量を小さくするものである(**図 3.17**)．

物質時間を長くするためにはプラスチック材料の固化を進めればよく，一般のプラスチック成形加工法では“形にする”プロセスと“固める”プロセスを一部重複して実行することで，自動的にこの方法を取り込んでいる．図 3.16(e)の壁近傍にみられる消滅しない複屈折線は，このようなメカニズムで成形品内に保存・凍結された変形エネルギーに対応する．放散されずにプラスチック材料内に保存された変形エネルギーは成形品内に残留する応力そのものであり，それゆえに，この方法で記憶現象による変形を抑止すると，成形品内の残留応力を大きくする可能性があることに注意が必要である．

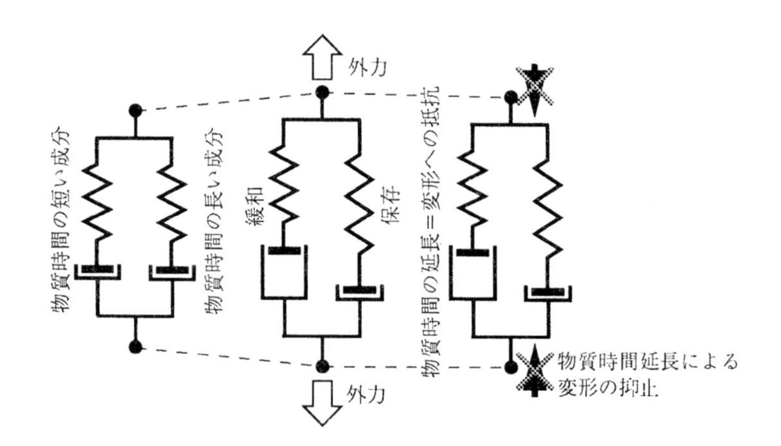

図 3.17　成形後に物質時間を延長して ひずみ を抑える

3.4 “形にする”プロセスにおける材料の変形挙動

プラスチック成形加工における材料の変形は，3.2〜3節で述べた学術的取り扱いで考えられているような単純なものではなく，複雑な形状をすばやくプラスチック材料に付与することが要求される．このような場合の材料の変形を理解するためには，局所的な成形力と材料の変形の関係を考えるだけでは十分ではなく，成形される材料内の力の分布と材料に付与される形状との関連を把握することが不可欠である．

粘弾性物質の変形を学術的に取り扱う場合には，図3.3に示したようにまっすぐな棒を一様に引っ張った(あるいは圧縮した)際の変形を考えることが多い．これは現象を単純化して，その現象の本質を抽出するためである．しかし実際の成形加工におけるプラスチック材料の変形は，図3.3に示されたような単純なものであることは極めて希で，より複雑な形状を材料に付与するのが普通である．もちろん，このような場合の材料の変形も，前節までに述べてきた単純化された材料の変形挙動の理論を用いることで評価できるが，材料の変形挙動の理論的評価については，本テキストシリーズ第II巻以降にまかせることとして，ここではプラスチック材料の特質と変形挙動の関係を直観的に述べる．

3.4.1 変形の優先順位と形状のスケール

実際のプラスチック成形加工における形にするプロセスで，材料に付与される形状には角部があったり厚さの異なる部分が存在することが普通である．このような形状をプラスチック材料に付与しようとすると，材料は**図3.18**(a)のように一様に変形するのではなく，図3.18(b)に示したように，まず大まかな形状が材料に付与され，その後に細部が形づくられていく．これは材料に直接的に成形力が印加されるブロー成形などの場合でも，材料の一端に成形力を印加しその伝播によって材料を成形する射出成形などの場合でも同様である．

図3.19は，可視化金型を用いて観察された射出成形材料の金型充填挙動，すなわち形にするプロセスにおけるプラスチック材料の変形挙動を示したものである．この図にみられるとおり，プラスチック材料は金型内を流動しつつ金型キャビティの細部へ充填されていく．

材料の変形にこのような優先順位があるのは，材料の変形抵抗が形状のスケールに影響されるからにほかならない．上の事例でもわかるとおり，材料の変

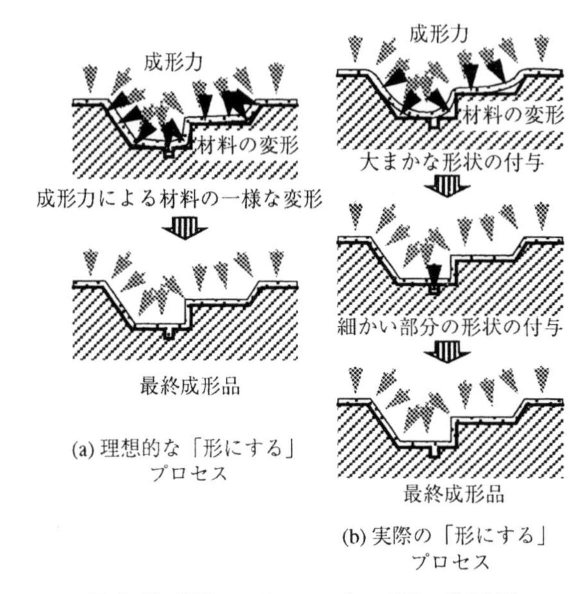

図 3.18　形状のスケールによる変形の優先順位

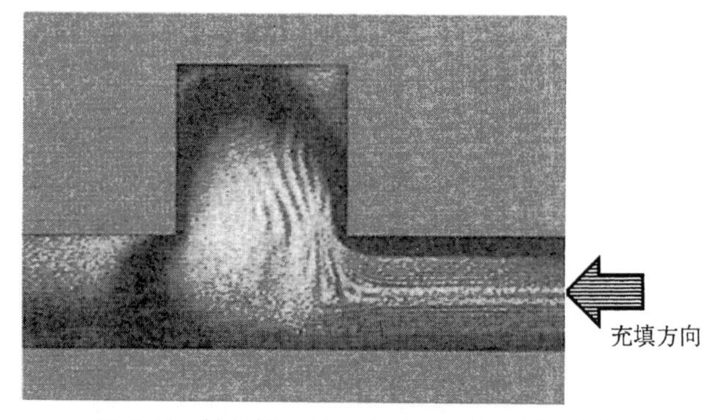

図 3.19　射出成形による金型キャビティ充填状況

形抵抗は付与される形状のスケールが小さくなるほど相対的に大きくなる．したがって材料に成形力が印加されると，変形抵抗が小さい大きなスケールの変形がまず生じ，それが金型などによって拘束され，それ以上の変形ができなくなってから変形抵抗の大きな細部の賦形が行われる．

変形抵抗が形状のスケールによって影響されることは，幾通りかの方法で説

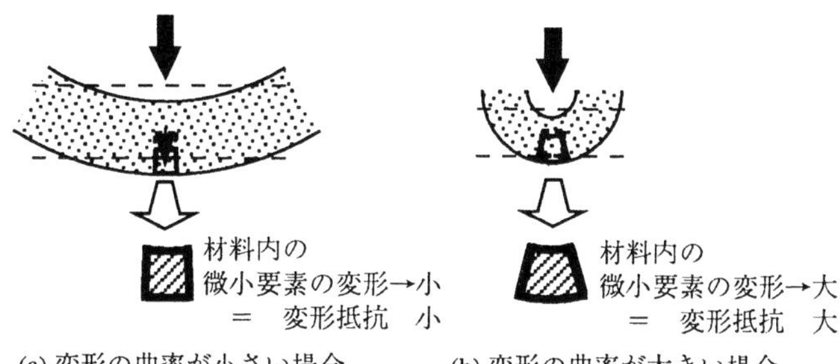

(a) 変形の曲率が小さい場合
(大まかな形状の変形)

(b) 変形の曲率が大きい場合
(細かい部分の変形)

図 3.20 変形のスケールと変形量の関係

明されるが，変形のスケールによるひずみ量(あるいは変形に要するエネルギー)の変化を考えるのが最も直感しやすいであろう．たとえば，**図 3.20** のように平坦な材料表面が曲率をもつ形状に変形することを想定しよう．この材料表面近傍の微小な体積の要素を考えると，変形の曲率が小さい(曲率半径が大きい＝大まかな形状の賦形に相当)場合では，微小要素内の材料は元の位置から大きく移動するものの，形状そのものは小さく，それに要する変形エネルギーも小さい(図 3.20(a))．

これに対して，変形の曲率が大きい(曲率半径が小さい＝細かい形状の賦形に相当)場合には，微小要素内の材料の移動は小さいが変形そのものが大きい(図 3.20(b))ことがわかる．このことは変形の曲率が大きくなるほど，すなわち，付与する形状のスケールが小さくなるほど，その変形を材料に与えるために必要な単位体積あたりの変形エネルギーが大きくなることを示している．一般的な成形加工では，材料の変形は図 3.20 に示されるような単純なものではないが，一概に材料に生じる変形の曲率が大きくなるほど変形に要する成形力が大きくなるため，材料に成形力を加えると，まず大まかな(曲率の小さな)形状が賦形され，その変形が終わった後に微細な(曲率の大きな)形状が付与されていくことになる．

微細な形状の成形をむずかしくしているもう 1 つの要因には，形にするプロセスに重畳して行われる固めるプロセスの存在がある．射出成形品表面の微細形状の転写性不良などはこの要因に基づくことが多い．これについては後ほど詳しく述べる．いずれにせよ，一様な成形力のもとでは微細な形状は後から成形品に付与される．したがって，何らかの原因によって形にするプロセスが途中で中断されると，微細な形状が成形品に付与されないままとなり，不良現象の要因となる．

3.4.2 材料の慣性力の効果

物質には質量があるため，これを加速・減速するためにも力が必要である．プラスチック材料もその例外ではなく，形にするプロセスでも流動性を有するプラスチック材料を加減速させるために成形力の一部が消費される．しかし，プラスチック材料は流動性を有している状態においても比較的粘性係数が高く，しかも形にするプロセスにおける材料の移動速度は一般にそれほど速くないから，プラスチック材料の変形を伴う形にするプロセスでは，材料の慣性力(inertia

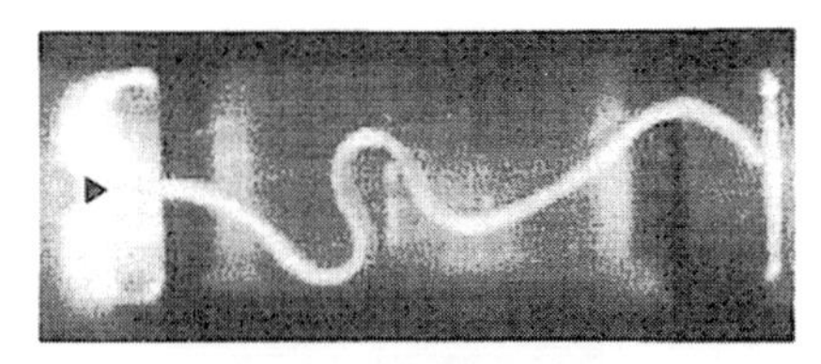

(1)ゲート通過後0.10秒

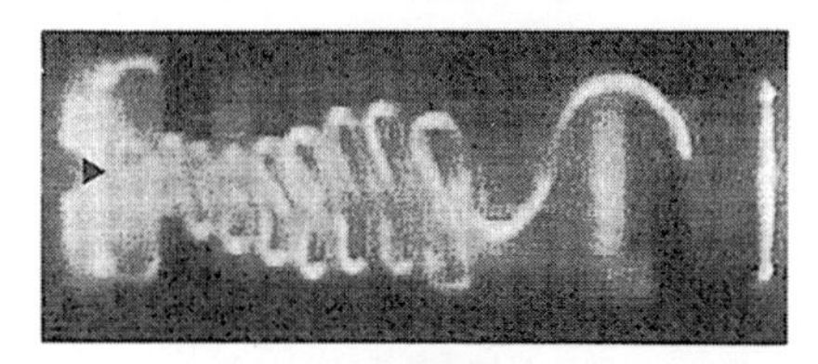

(2)ゲート通過後0.27秒

(3)ゲート通過後0.87秒

▶ゲート位置

ジェッティング生成過程（POM，射出率2.42cm³／s）

図 3.21　射出成形金型内で観察されたジェッティング現象

force）はあまり重要ではない．

材料の慣性力が変形挙動に影響する典型的な例としては，射出成形における“ジェッティング現象（jetting phenomena）”とよばれる異常現象をあげることができる．**図 3.21** は可視化金型を用いて観察された射出成形金型内のジェッティング現象の一例である[3]．射出成形金型の材料入口（ゲート）はキャビティ部より狭いことが普通であり，ここを流れる溶融材料の速度はキャビティ充填速度に比べて速い．したがって，金型キャビティが順当に充填されていくためには，ゲートを出た材料の流れはキャビティ内で減速されることが必要であり，通常の成形条件においては，ゲートを出た材料がキャビティ壁に接触した際の粘性力によって減速されている．

しかし，ゲート部の材料速度が極めて速く，あるいはゲートとキャビティ壁に段差が存在する場合には，ゲートを出た材料がキャビティ壁に十分接触せずに滑りを生じることがある．この場合，材料に働く粘性力は通常の場合に比べて小さいから，ゲートを出た材料はほとんど減速されることはなく金型キャビティ内を直進することになる．これが射出成形で観察されるジェッティング現

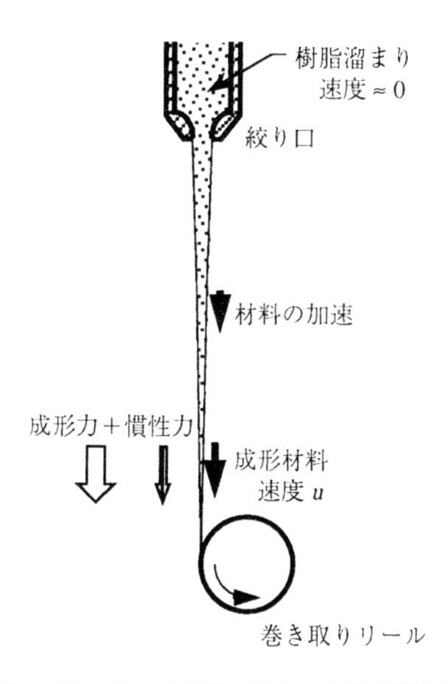

図 3.22　プラスチック材料の紡糸における慣性力の効果

象であり，成形品内に複雑な流動痕を残すなどの不良現象の要因となることがある．

成形されるプラスチック材料の移動速度の速い紡糸やフィルム成形でも，慣性力が材料の変性に影響している．たとえば**図3.22**のように，樹脂溜まりに入れられた溶融プラスチック材料を口金を通して糸にひく場合，糸下端の引張力にはプラスチック材料を変形させるための力のほかに，樹脂溜まりにある静止した材料を糸の速度までに加速するための慣性力が含まれている．しかし，糸やフィルムは単位長さあたりの体積(すなわち質量)が小さく，慣性力そのものが大きくないことに加えて，成形品の強度を増すためにプラスチック材料の分子鎖を特定の方向に配列させるよう，付加的な塑性変形を与えることの多い実用紡糸，フィルム成形では，このための成形力が大きいため，慣性力の影響を直接的に感じることは少ない．

3.5 “形にする”プロセスの実際

上記のような振る舞いをするプラスチック材料を，所定の形状に精度よくかつ高速に成形するために，実際のプラスチック成形加工では種々の形にするプロセスが用いられている．ここでは実用成形加工プロセスの解説に先立って，これらをプラスチック材料に生じる現象の観点から分類することを試みる．

3.5.1 成形力の印加方法からみた“形にする”プロセス

流すプロセスで流動性を付与されたプラスチック材料は，形にするプロセスにおいて外力(成形力)を加えることで所定の形状に成形される．したがって形にするプロセスは，流動性を有するプラスチック材料に成形力を印加する方法によっていくつかに分類することができる．

(1) 成形力が直接的にプラスチック材料を変形させる方法

この成形法は，予め棒状あるいはフィルム状に成形されたプラスチック材料に流動性を付与し，これを製品形状の彫り込まれた型で挟み込むなどして形状を付与する方法であり，“プレス成形”(**図3.23**)がその代表である．この範疇に入る実用成形法には，プレス成形のほかに，パリソンとよばれる袋状の流動性のあるプラスチック材料を型内に保持し，内部に圧縮空気などを吹き込んでその圧力で材料を成形する“ブロー成形”(**図3.24**)や，雄型もしくは雌型の一方の

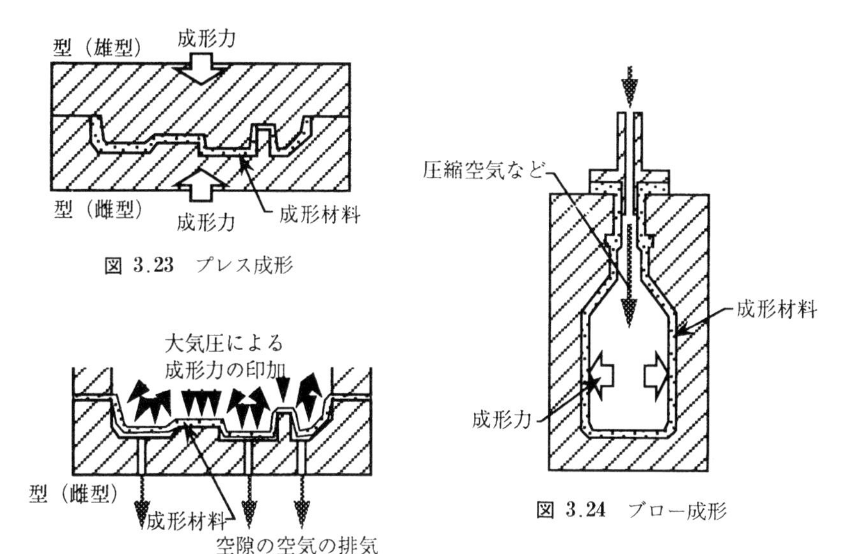

図 3.23　プレス成形

図 3.25　真空成形

図 3.24　ブロー成形

みを用い，これにフィルム状の流動性のあるプラスチック材料をかぶせて，型との隙間にある空気を除くことによって大気圧で材料を型に押しつけ成形する“真空成形”（図 3.25）などがあげられる．

これらの方法では，型の圧縮力や流体圧力はプラスチック材料を変形させるための成形力として直接作用することになるため，大きな成形品や複雑な形状の成形品を得るのに適した方法である．特にブロー成形や真空成形のように流体圧力で材料を型表面に押し付ける方法は，成形品の大きさにかかわらず一定の大きさの成形力を印加できる点で薄肉・大型の成形品の製造に適しているが，最大流体圧力の制限から材料に印加できる成形力に限りがあり，微細パターンの転写が要求される成形品の製造には特別な工夫が必要である．

（2）　プラスチック材料内を伝播する力によって成形する方法

一方，プラスチック材料に印加される力が直接材料を変形させるのではなく，材料内の力の伝播によって生じる分力によって成形を行う方法も存在する．この範疇の成形法としては“射出成形”（図 3.26）が最も典型的な例としてあげられる．この射出成形法では，製品形状に相当する閉じた空間（キャビティ）をもつ

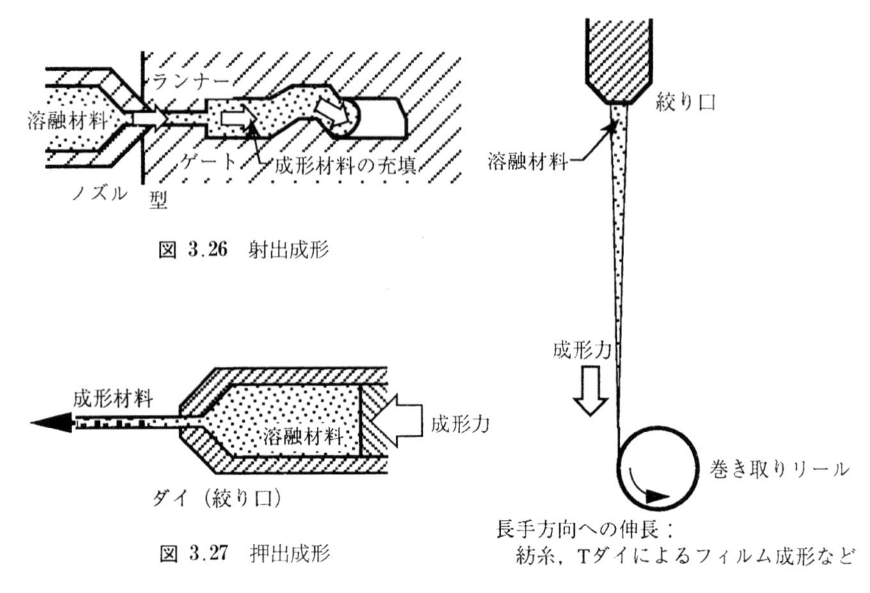

図 3.26　射出成形

図 3.27　押出成形

図 3.28　紡糸・フィルム成形

型のなかに流動性を有するプラスチック材料を注入し，注入孔の材料に印加した力が材料内を伝播して生じる分力(樹脂圧力)によって，キャビティの形状をプラスチック材料に転写している．これと同様の成形原理に基づく成形法には，“押出・引抜成形”(図 3.27)や“紡糸・フィルム成形”(図 3.28)などがある．

この範疇の成形法の特徴は，比較的大きな成形力をプラスチック材料に印加できるため，表面に微細な形状を転写するなど高い精度の成形が可能であることである．しかしながら，これらの成形法は，成形力がプラスチック材料を通して伝えられるため，プラスチック材料の性質や固化の進展に従って成形力が非均一になりやすく，特に大型の成形品の，圧力印加点から離れた部位における成形精度が低下しやすいという欠点も合わせもつ．この原因に基づく成形不良については，本書第6章に詳しく述べる．

3.5.2 形状を決定する手段からみた“形にする”プロセス

プラスチック成形加工における形にするプロセスが，成形材料全体に分散的に外力を印加し変形させることでエネルギーを加える方法と，成形材料の一部に印加した外力によって材料を流動させ，材料内のエネルギーの伝播によって成形を行う方法の2通りに大別されることは上述のとおりである．しかし，このようにプラスチック材料に成形力を印加しても，それによって生じる変形が成形の目的とする形状と異なっていたのでは成形加工は成立しない．したがって，実際の形にするプロセスでは，種々の方法でプラスチック材料の変形を規定することが行われる．

(1) 型によって形状を規定する手法

実用成形プロセスは，プラスチック材料に所定の形状を付与するために“型”を用いるか否かで大きく2通りに分類される．型の主たる役割は，成形力を印加させるプラスチック材料の変形を規定することであるが，3.5.1節(2)に分類される，材料内を伝播する成形力によって成形を行う範疇の成形法では，成形力を材料内で伝播されるための反力の発生をも担っている．

たとえば，型を用いるプラスチック成形加工法としては，ブロー成形や射出成形がすぐに思い浮かぶが，前者は成形材料に成形力を直接かつ分散的に印加する方法であるのに対して，後者は材料の一部に印加した成形力が材料内を伝播することを利用して形状を付与する成形法であるため，成形途上のプラスチック材料に生じる現象がかなり異なっている．すなわち，ブロー成形のように成形力が材料を“材料が望ましい形状になる向き”に直接押す(引く)ことで形状を付与している成形法では，**図3.29**に示すように，成形途上のプラスチック

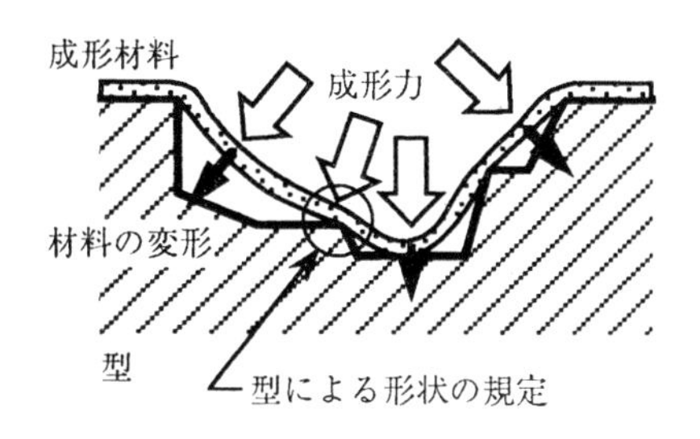

図 3.29 成形力が直接材料を変形させる

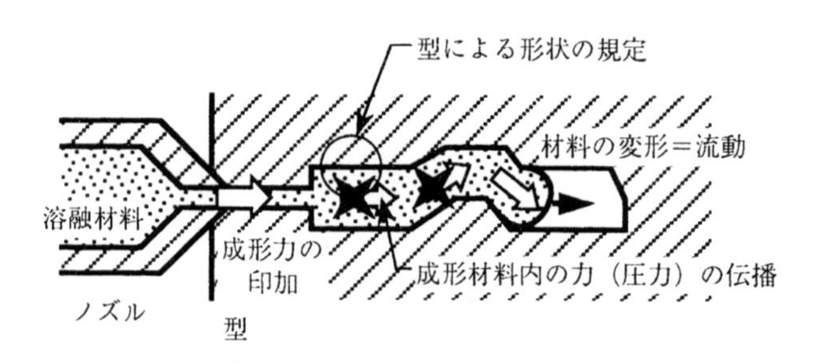

図 3.30　材料内を伝播する成形力によって材料を変形させる

材料は，主に金型壁に向かう方向に変形し，金型壁に突き当たることで形状が決定される．これに対して，射出成形のように材料の一端に成形力を加える成形法では，成形途上の材料は成形力を印加された部分から金型内を“流動”し，金型キャビティ内に“充填”されていく過程で金型壁に接触して形状が決定される(図 3.30)．

この際，成形材料が金型壁に接触し金型の形状を成形材料に転写するための力は，材料の一端に印加した成形力と金型壁の相互作用によって生じる．したがって後者の成形では，特にプラスチック材料の金型内での流動や力の釣り合いが極めて重要な役割を果たしている．

型を用いる成形法の多くでは，型はプラスチック材料に形状を付与するのみならず，プラスチック材料に付与された形状を維持し，それを固定化する働きをも担っている．たとえば熱可塑性プラスチック材料の射出成形では，型内に充填された材料は，形状が与えられた後もしばらくの間成形力を印加し続けることで，保存されている成形エネルギーを緩和させるとともに，金型の温度を低く維持することで成形されたプラスチック材料を固化させ，記憶現象や重力などの外力による変形を防止している．このような形状の保持は，材料に形状を付与するプロセスに引き続いて行われる固めるプロセスの役割であるが，上記からもわかるように，プラスチック材料に付与される形状を維持するために，形にするプロセスと固めるプロセスは連続して，あるいは一部重複して行われることが普通である(*次頁)．

(2) 口金によって形状を規定する手法

型を用いる成形法ではあるものの，プラスチック材料を型表面に押し付けることで形状を付与するのではなく，型(口金)で材料を絞り，その形状を材料表面に連続的に転写して一様な断面形状を有する棒(あるいは管)を成形する方法に，押出成形や引抜成形がある．これらの成形法では，成形材料の一端に加えられた力が材料内を伝播し，型との相互作用によって材料を変形させており，成形材料の変形メカニズムの点では射出成形などとほぼ同等であるといえる．しかし，押出・引抜成形では**図 3.31** のように成形材料が型表面(内面)を滑りながら変形する場合が多く，型表面で成形材料が停止して型表面の形状を転写する射出成形とは材料に生じる現象が大きく異なっている．

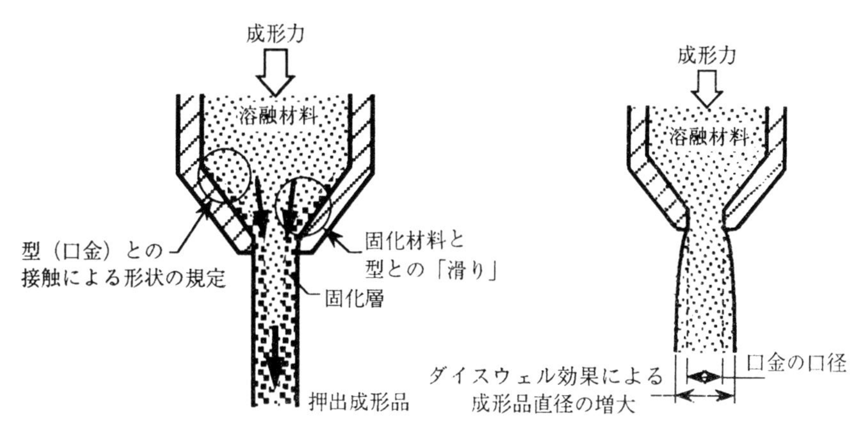

図 3.31 押出・引抜成形における口金と材料の滑り

図 3.32 ダイスウェル効果による押出成形品の直径の変化

* 熱可塑性プラスチック材料の成形加工における“固める”プロセスが“冷やす”プロセスであることは第1章で述べたとおりである．したがって，“形にする”プロセスと“固める”プロセスを連続して行うためには，形状の付与が終了した直後に金型を冷却することが要求される．しかし，実際の成形プロセスでは，形にするプロセスのはじめから冷たい金型を用いることが普通である．これは成形されるプラスチック材料に比べ，熱容量の大きな金型の温度を上下させることが伝熱学的にむずかしいためにほかならない．しかし，このことはプラスチック材料に形状を付与している最中から材料の流動性を奪うことを意味するから，いわゆる成形不良が“形にする”プロセスと“固める”プロセスの重複に起因するととらえることもできる．成形不良の原因とその対策については，第6章において詳述するのでそちらを参照されたい．

また押出・引抜成形では，形状を付与された材料が比較的短時間のうちに型の外部に押し出されるため，成形エネルギーが開放されるための時間的余裕がないことも多い．その結果，成形された材料は記憶現象によってもとの形状に戻ろうとし，所定の形状より太い成形品が得られることがある(**図3.32**)．

また，型内でのせん断流動中に発生した法線応力が，型を出た後で解放される際の変形もこの現象を助長する．このような現象を“ダイスウェル(die swell)”あるいは“バラス(barus)効果”とよぶ．したがって，この範疇の成形法で精度の高い成形品を得るためには，型(口金)の形状を工夫して余剰な変形エネルギーが開放されるまでの時間的余裕がとれるようにするだけでなく，材料が型の内部にあるうちに，材料の固化を進め流動性を失わせて変形を抑止することが必要となる．

押出成形では，押出速度や型の形状によっては成形されたプラスチック材料の表面に不規則な乱れが生じることがある．たとえば，円形断面の型(口金)から材料を緩和時間に比較して十分ゆっくり押し出すと，形状が長さ方向に均一な円柱状成形品を得ることができる．これに対して，押出速度を少しずつ速くすると，成形品の直径が振動を始める．この直前に表面にクラック状の筋が入ることが多い．この状態を“シャークスキン”とよんでおり，手で成形品表面をさわるとざらざらしている．これは，型内壁でのプラスチック材料のスリップに原因がある．さらに速く押し出すと，成形品は円柱状の形状を保たず，外形はカオス状になる．このような状態が“メルトフラクチャー(melt fracture)”とよばれる現象である．この原因は型入口部の材料の流れの不安定性にある．この不安定性によって型を流動する材料内の圧力に振動が発生し，これが押し出された成形品の表面にメルトフラクチャーを起こす．メルトフラクチャーを生じる状態よりさらに押出速度を速めると，今度は型内でマクロに滑りが発生し，その滑りが入口部の材料の流動の不安定を吸収して，平滑な円柱状試料が得られることがある．このような材料に生じる滑りや不安定は，型内を流動する材料の固化の程度に強く影響される．

押出・引抜成形で成形されたプラスチック材料の形状を維持するための固化は，材料が熱可塑性である場合にはそれを冷やすことで行われるが，実用成形では型(口金)の長さが短く，融解したプラスチック材料溜まりに隣接していることが多いため，成形途上の材料が口金部分で冷却される度合いは小さく，口金を出て形状が付与された後の材料を冷却流体との接触によって冷却・固化させることが普通である．冷却流体としては，成形機周囲に存在する空気ではなく，多くの場合水が用いられる．これは水が空気に比べ熱容量，熱伝導率ともに大きく，成形品との熱伝達率(heat transfer coefficient)が容易に大きくでき，冷却に要する時間を短縮することが可能であるためである．

(3) 材料の自由変形によって成形する手法

一方，型を用いずにプラスチック材料に形状を付与する成形法としては，紡糸やフィルム成形があげられる．

これらの成形法では**図 3.33** に示すように，プラスチック材料の一端に伸長力を印加し，材料を引き延ばすことで所定の形状に成形している．したがって，この場合の材料に働く成形力は，材料の一端に加えられた力の材料内での伝播によって決まる．この意味ではこれらの成形法は，金型に充填したプラスチック材料の一端に力を加え，これの材料内の伝播によって成形を行う射出成形などと同様のメカニズムによって形状を付与しているともいえる．しかし射出成形などでは材料の一端に印加した圧縮力によって材料を金型壁に“押しつけて”形状を決定するのに対して，型を用いない成形法では材料を引き伸ばしたときの自由変形によって形状を付与する点が決定的に異なる．したがって成形される製品の形状精度は材料の自由変形の程度，すなわち成形途上にある材料の流

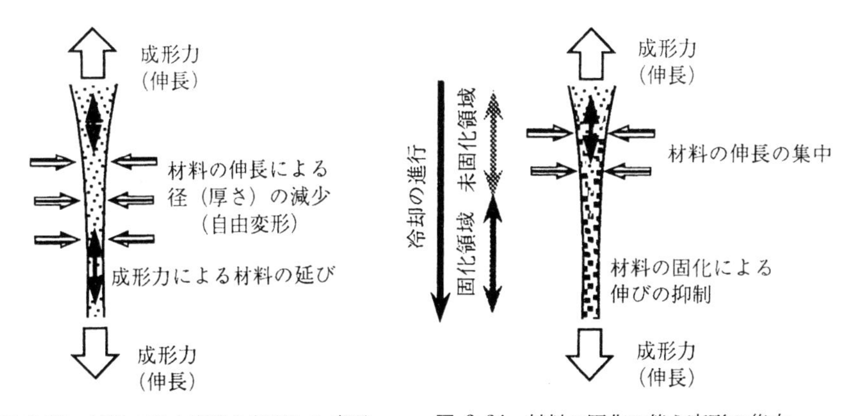

図 3.33 材料の自由変形を利用した成形　**図 3.34** 材料の固化に伴う変形の集中

動性の程度によって支配されている．

成形途上のプラスチック材料の流動性は，一般にプロセス中の材料のひずみ量と固化の程度によって決まる．特に成形によってプラスチック材料が薄く，あるいは細くなるフィルム成形や紡糸では，成形に伴って材料の冷却が促進されることになり，材料が熱可塑性である場合には成形途上の材料の流動性の喪失が顕著となる．したがって，このような成形加工では，**図 3.34** のように高い流動性を有する部分のみに集中する材料の変形が材料の冷却と深く関係するため，成形中の材料の冷却現象を把握し制御することが，よりよい成形品を得るために極めて重要な意味をもつことになる．

熱可塑性プラスチック材料のフィルム成形や紡糸では，成形されたプラスチック材料は冷却流体との熱伝達によって冷やされ，固化していく．実際のこれらの成形プロセスでは，冷却流体として周囲の空気を用いることが多く，この場合には形成が終了した材料のみならず，成形途上のプラスチック材料も冷却される．このため成形力によるプラスチック材料のひずみ(応力)が成形品内に残留することになるが，フィルム成形や紡糸では，これを逆用して成形された製品の性質を改善している場合が多い．すなわち，フィルム成形や紡糸によって成形された製品では，プラスチック材料の高分子鎖を特定の方向(多くは製品の長手方向)に配向させることで製品の強度を増すことが行われている．

このような場合には，高分子鎖の配向(molecular orientation)を強く成形材

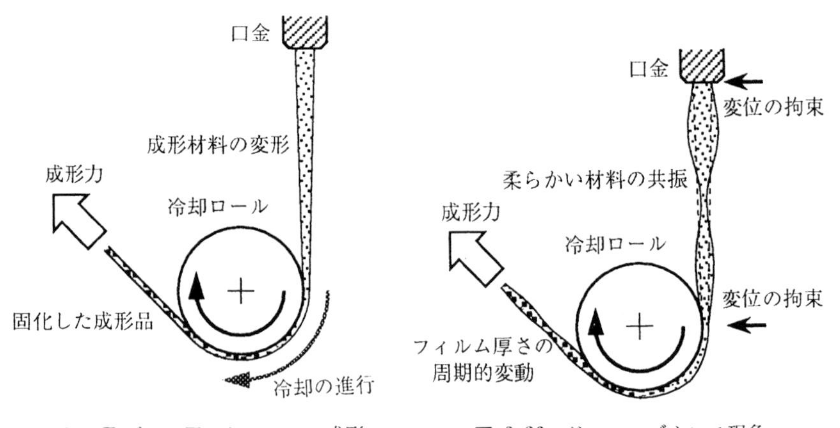

図 3.35　Tダイを用いたフィルム成形　　**図 3.36**　ドローレゾナンス現象

料内に残留させるため，型を用いる成形法に比べて流動性の少ない(熱可塑性プラスチック材料では温度の低い)条件で成形を行うことが多い．

なお，Tダイを使ったフィルム成形などでは，**図3.35**のように口金から押し出された材料を進長する間には冷却を抑止し，十分伸長された後に冷却ロールに接触させて材料を固化させることが多い．このような場合には，フィルムの厚さが周期的に変化する“ドローレゾナンス(draw resonance)”とよばれる現象が生じることがある(**図3.36**)．溶融紡糸のように，巻き取る以前に十分固化させれば，固化点で振動を十分に吸収できるから，この問題は発生しなくなる．

3.6 “形にする”プロセスの障害と対策

プラスチック材料に形状を付与するプロセスには種々のものがあること，また，そのそれぞれの形にするプロセスでのプラスチック材料に生じる現象の概略については理解されたことと思う．しかし現実のプラスチック成形加工では，上記のようなプロセスを用いても材料が所定の形状にならない場合がある．これが“成形不良”現象であり，その具体的事例や対策は本書第6章に述べるが，成形不良の要因となる現象を把握しておくことは，形にするプロセスの実際を理解するために有益であると考えられるので，ここでは第6章との重複をある程度認めたうえでこれらについて概説しておこう．

3.6.1 成形不良現象の原因と“形にする”プロセスとの関連

プラスチック材料に形状を付与しようとしても所定の形状が得られない原因は，成形されるプラスチック材料の特質に基づくものであることが多い．成形不良の原因となるプラスチック材料の特質としては，3.2〜3節で述べた粘弾性的挙動のほかに，

① 極めて低い温度伝導率(熱拡散係数)と溶融状態でも比較的高い粘度

② 変形に伴うプラスチック材料の分子鎖の配向

③ 温度・固化度による変形抵抗(見掛けの粘度)の変化

④ 温度・固化度による密度(体積)の変化

⑤ 変形に伴う発熱や粘度の変化

などをあげることができる．これらのうち，第一番目の溶融材料の低温度伝導率・高粘度は，流動性を有する状態にあってもプラスチック材料のPrandtl数*

が極めて高いことを意味し，プラスチック材料が流動している間に熱移動が生じても，その影響の及ぶ範囲が加熱・冷却源近傍に限られることを示唆している．プラスチック材料のこの性質が，粘弾性による記憶現象や材料の温度変化による変形抵抗・密度の非均一さを局在化させ，結果的にプラスチック材料の成形を妨げる要因になっていることが少なくない．

すなわち，記憶現象による ひずみ を抑止するために，実際の形にするプロセスでは，形状の付与が完了した後も成形力を印加し続けて変形エネルギーを緩和させるとともに，形にするプロセスに固めるプロセスを重畳させて変形を制限することが行われていることは前述のとおりである．この際，成形される材料が熱可塑性である場合には，固めるプロセスは冷却という熱移動を利用することになるから，形にするプロセスと重畳して施される固めるプロセスが効果を示すのは，成形されたプラスチック材料のごく表層部のみに限られる．

いい換えると，このようにして形状を付与されたプラスチック材料は，その表層部と内部とで性質が異なることになる．形状を付与されたプラスチック材料のこのような性質に上述のプラスチック材料の特質が重なると，各種の不良現象の原因となるので，以下ではそれらについて述べていこう．なお以下の説明では1つの不良現象をいくつかの原因の観点から述べることがあることを予め断っておく．

3.6.2　粘弾性的挙動との重畳：そり/残留応力(図3.37)

熱可塑性プラスチック材料の変形エネルギーの緩和時間は，一般に温度の低下とともに極端に長くなる．したがって，形状を付与されたプラスチック材料に温度の分布があると，温度が高い材料中央部では形状の付与に伴い材料に与えられた変形エネルギーが十分緩和するのに対して，固めるプロセスによって温度の低下した表層部の変形エネルギーの緩和が阻害されることになる．成形

---

*(前頁)．Prandtl 数 Pr は物質の動粘性係数 ν と温度伝導率 α の比

$$\mathrm{Pr}=\frac{\nu}{\alpha}$$

で定義される無次元数であり，動粘性係数が物質中の運動量の拡散係数，温度伝導率が物質中の熱の拡散係数であることを考えればわかるとおり，流動する物質内の熱移動の程度を支配する物性値である．一概に，壁面上を流動する物質を壁から加熱すると，物質の Prandtl 数が大きいほど物質の温度上昇は壁近傍の狭い領域に限定される．

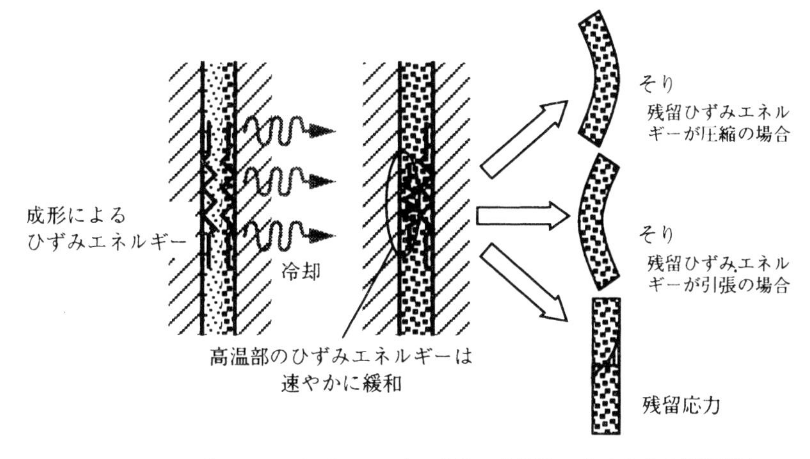

図 3.37　「形にする」プロセス中の非均一な固化によるそりや残留応力

材料内に非均一に保存された変形エネルギーは，成形材料を非均一に変形させ，結果として“そり(warp)”の原因となる*のみならず，変形時の材料内の力の釣り合いによって非一様な応力が成形品内に残留する原因ともなる．

形にするプロセスと重複して実施される固めるプロセスの目的がプラスチック材料に付与された形状の保存にある以上，これによって変形エネルギーの緩和が阻害されることは避けがたい．これによる不良現象の発現を抑止するためには，形にするプロセスで材料に与えた変形エネルギーが緩和できるだけの時間的余裕を与えたうえで，固めるプロセスを実施することが必要である．しかしプラスチック材料の緩和時間が他の材料のそれに比べて長いため，実際のプラスチック成形加工では，生産性確保の観点から両者を重複して実施せざるを得ないのが現実である．

3.6.3　分子配向との重畳：残留分子配向/残留複屈折(図 3.38)

プラスチック材料の分子配向と，上で述べた粘弾性挙動とは切り離せない関係にあり，本来は同時に取り扱うべきであるが，プラスチック成形加工におい

---

* そりの原因には，ここで述べた残留ひずみエネルギーだけでなく，3.6.5 節で述べる材料の密度の温度依存性，4.1.1 節で述べる結晶化に伴う収縮などがあり，実際の成形品に観察されるそりはこれらの影響が重畳して生じている．実際の成形品に生じるそりの方向や程度が直感しにくいのは，これらのそりの要因に対する成形材料の温度履歴や拘束履歴の影響がそれぞれ異なるためである．

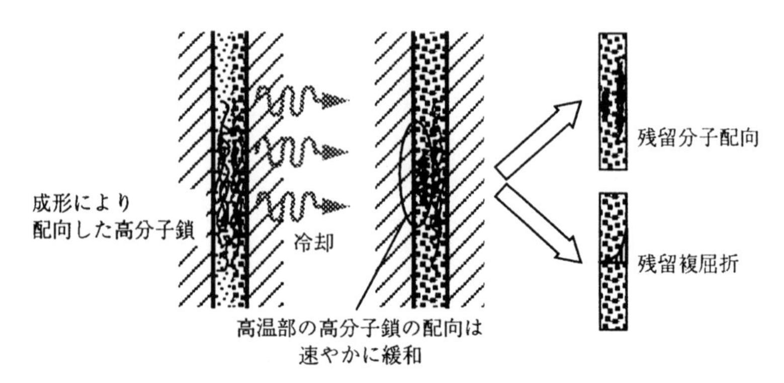

図 3.38　形にするプロセス中の非均一な固化による残留分子配向と残留複屈折

ては，分子配向は不良現象としてのみならず成形品の性質改善の観点からも重要であるので，3.6.2 節とは別に述べる．

よく知られているように，プラスチック材料は分子量数万～数十万の高分子であり，一般に主鎖方向に長い分子形態を有している．このような高分子は，外力が働いていない状態ではエネルギーの低い縮こまった糸鞠状の形態をとるが，伸長やせん断などの外力が印加されると，それによって分子鎖が引き延ばされ，一方向に配向するようになる．

高分子鎖は，主鎖方向には高剛性で破壊強度も高いが，それをよぎる高分子鎖間の方向には比較的弱い．糸やフィルムのように一方向の強度を特に重視する成形品では，成形材料内の高分子鎖を意図的に配向させて製品の強度を向上させることが行われている．一方，高分子は主鎖方向とそれをよぎる方向とで光学的特性(屈折率)が異なり，分子鎖が高度に配向した成形品はいわゆる複屈折現象を呈するようになる．

プラスチック材料の高分子鎖の配向は，外力が取り除かれた後も直ちには消滅せず，他の粘弾性的性質と同様，その緩和にはある程度の時間(緩和時間)を要する．緩和時間はプラスチック材料の温度や固化度の強い関数であるため，形状を付与された材料内に温度分布が存在すると，成形品内に残留する分子配向に非均一が生じる．この残留分子配向の非均一は，成形品内に意図的に分子配向を生じさせる場合には，意図したとおりの配向が得られない不良現象として捉えられるし，分子配向を意図しない成形品では，残留分子配向やそれによる残留複屈折が問題とされる．一般にプラスチック材料の分子配向の緩和は，応力の緩和に比べて複雑な挙動を呈するうえ，緩和時間も応力のそれに比べ長いことが多い．したがって，成形材料内の分子配向/複屈折を嫌う場合には，形にするプロセスで発現した分子配向が緩和するに十分な時間的余裕をプロセス中に設けることのみならず，形にするプロセスで生じる分子配向を小さくする工夫が重要となる．

3.6.4 変形抵抗の温度依存性との重畳：流動不良/転写不良/割れ(図 3.39)

形にするプロセスに重ねて実行される固めるプロセスの役割は，形にするプロセスでプラスチック材料に与えられた形状を維持することであるが，固めるプロセスの存在が形状の付与を阻害することもあり得る．その原因は，予測されるとおり固めるプロセスに起因する変形抵抗の増加にある．

固めるプロセスによる変性抵抗の増加が形にするプロセスの最中に生じると，当初，材料に印加された成形力では，所定の形状まで材料を変形させることができなくなる．材料の固化に伴い成形力を増加させていけば，このような状態の成形も可能ではあるが，実際のプラスチック成形加工に用いられる成形機では材料に印加できる成形力には上限があり，必要な成形力がこれを越えると所定の形状まで材料を変形させることができなくなる．このような不良現象が流動不良であり，その代表的なものが射出成形における“ショートショット(short-shot＝充填不良)”である．

ブロー成形における成形品肉厚の非一様性も変形抵抗の温度依存性に関連して生じる現象である．すなわち，ブロー成形中の材料(パリソン)が部分的に金型壁に接触すると，この部分のみ流動性が失われ，それ以降の変形はもっぱら

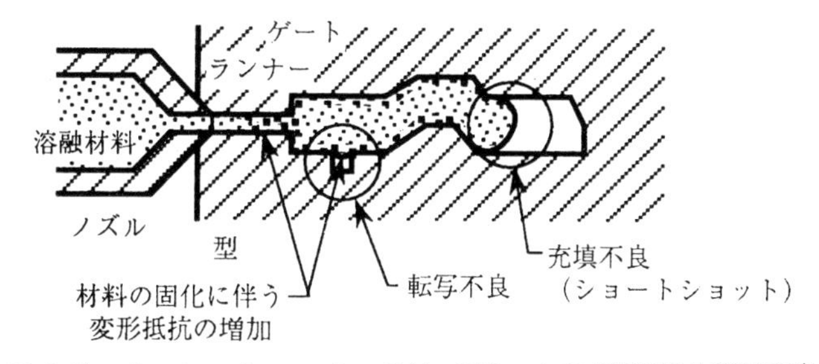

図 3.39 形にするプロセス中の材料の固化による充填不良と転写不良

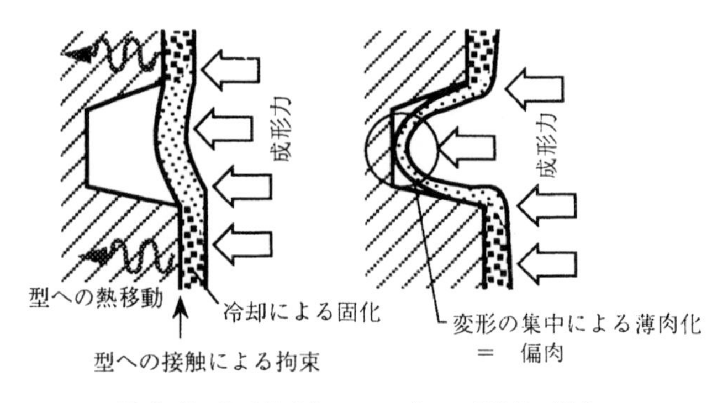

図 3.40　部分的冷却によるブロー成形品の偏肉

未固化の部分が受けもつことになる．したがって，後から変形する部分の伸長度は，先に流動性を失った部分より大きくなり，結果的にこの部分の肉厚が薄くなる傾向がある(図 3.40)．

充塡不良以外の流動不良現象としては，成形品表面の転写不良があげられる．熱可塑性材料の固めるプロセスが冷やすプロセスであることは再三述べたとおりであるが，形にするプロセスに重畳して行われる短い期間の冷却では，プラスチック材料の温度低下は冷却源近傍に限られる．たとえば金型を用いる成形法では，材料に付与された形状を保持するための冷却は金型への熱移動によって行われるから，金型壁に接する成形材料表面付近のみが先に流動性を失っていくことになる．

一方，3.4.1 節に述べたとおり，成形途上にあるプラスチック材料の変形には，付与される形状のスケールによって優先順位があり，微細な形状ほど後から成形される傾向がある．したがって，金型表面に彫り込まれた微細な形状を成形材料に転写しようとする場合には，この微細な形状が成形品表面に形づくられる前に成形材料表面に流動性が失われ，結果的に転写が阻害されることがある．

一方，成形機の成形力が材料の変形抵抗の増加を凌駕できるほどに大きい場合には，流動不良に伴う不良現象の発現は抑止できるであろうが，これとは別の問題が生じることがある．すなわち成形されたプラスチックの割れ(クラック)の発生である．3.1 節で述べたとおり，成形加工では材料の塑性変形を利用して所定の形状を材料に付与しているが，材料が塑性変形できる程度には制限(塑性変形限界)があり，これを越えて変性させようとすると材料の破断が生じる.

プラスチック成形加工では，金属などに比べそもそも塑性変形限界(延性)の大きくないプラスチック材料に，形にするプロセスに先立って行われる流すプロセスにおいて流動性を付与することによってこの問題を解決しているが，形にするプロセスで形状を付与している間に固めるプロセスが実施されると材料の流動性が失われ，成形力による材料の破断が顕在化する場合がある．これが成形品の割れやクラックの原因である．したがって，このようにして発現する割れやクラックは，材料に印加されている成形力が大きく流動性が低下した部位に集中する傾向にある.

これらはいずれも，形にするプロセスに重複して行われる固めるプロセスが成形材料の変形を阻害するために生じている．この意味でこれらの現象を抑止するためには，形にするプロセスと固めるプロセスの分離が不可欠であるといえるが，現実には両者を完全に分離することは生産性の確保などの観点からむずかしいことが多い.

3.6.5 密度の温度依存性との重畳：ひけ/そり/残留応力(図3.41)

プラスチック材料の多くは，温度の低下とともにその体積が減少するのみならず，融解状態から固化する際にも収縮する．したがって，形にするプロセスで融解状態にあるプラスチック材料に所定の形状を付与しても，その後に行われる固めるプロセスで材料が収縮すると，本来の形状・寸法が維持できない．これを抑止することが，形にするプロセスに重ねて行われる固めるプロセスの1つの目的であるが，これによって成形材料表層部に形成された固化層の存在が後

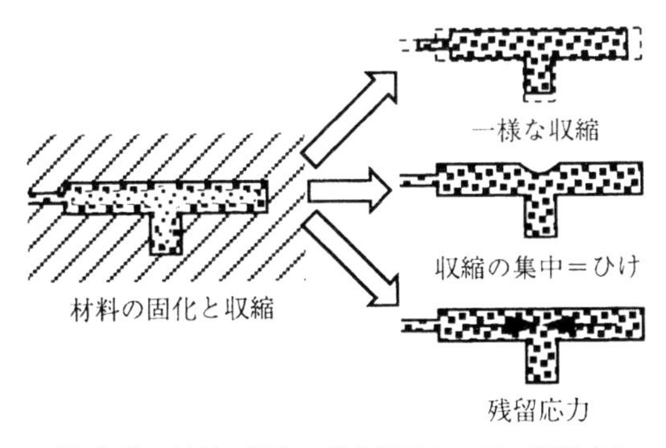

図 3.41 材料の固化に伴う収縮とひけ，残留応力

の成形品の変形挙動を複雑にしていることが多い．

プラスチック材料の収縮は，本来，形にするプロセスのつぎに行われる固めるプロセスで最も顕著に現れるものである．しかし，成形材料の形状を規定しているのは形にするプロセスであり，その後の材料の収縮から付与した形状を保持することも形にするプロセスに求められる．これを実現する最も直観的な方法は，形にするプロセスで所定の形状をプラスチック材料に与えつつ，材料表層部の流動性を奪って形状を規定するものである．これが形にするプロセスに重複して実施される固めるプロセスの本質であり，これが十分効を奏すれば，少なくとも外形上の変形は抑止できる．

しかし，現実のプラスチック成形加工では，形状の付与と同時の固化が不十分なことが多く，結果として材料表層部の弱い部分が変形して，“ひけ(sink mark)”が発生する．このことからわかるように，ひけの発生部位は形にするプロセスに重複して行われる固めるプロセスで，材料表層部の流動性が十分に奪えなかった場所に相当することが普通である．たとえば熱可塑性プラスチック材料では，ひけはボス・リブの背後や肉厚部など，他に比べて冷却の遅れる部位に発現することがよく知られている．このことを逆に利用して，形にするプロセスにおける冷却条件を制御することによって，ひけの発現位置をコントロールすることが試みられているが，これについては第6章で詳しく述べよう．

プラスチック材料の収縮が，局在化して成形品の表面に現れたものが ひけ であることは上で述べたとおりであるが，ひけが発現しないまでも，成形材料の収縮と温度分布との関連によって成形品が非均一に収縮して そり を生じることがある．また形にするプロセスで，プラスチック材料の形状が規定されているうちに材料が収縮すると，成形品内に内部応力を生じ，これがそのまま最終製品にまで残留して，いわゆる残留応力(residual stress)の要因となることもある．

これらはいずれもプラスチック材料の融解・凝固に伴う体積変化に基づいているから，「流す・形にする・固める」プロセスをたどるプラスチック成形加工では避けることができない．特に成形材料の体積を型内で規定する射出成形では，型内材料の収縮が致命的な欠陥となるため，その影響を最小限にとどめる工夫がなされている．その代表が“保圧”とよばれる工程である．

保圧プロセス(packing-holding process)は，射出成形の形にするプロセスと

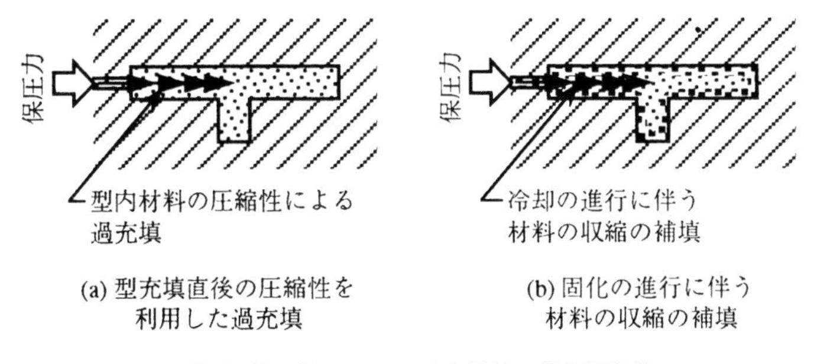

(a) 型充填直後の圧縮性を
利用した過充填

(b) 固化の進行に伴う
材料の収縮の補填

図 3.42 保圧による型内材料の過充填挙動

固めるプロセスの間に行われ，型内のプラスチック材料に高い圧力をかけ続ける工程である．保圧プロセスは，溶融状態にあるプラスチック材料が比較的容易に圧縮されることを利用して，材料の収縮分を予め金型キャビティ内に過充填しておこうとするもので(**図 3.42(a)**)，これが上手く機能すれば，型内材料の固化に伴う収縮に基づく問題を解決することができる．しかし固化に伴う材料の収縮を，圧縮だけで完全に補填することはむずかしく，現実には図 3.42(b)のように，保圧力をしばらく印加し続けることで，この間の固化の進展による収縮分を外部から型内に補充して，材料の圧縮による過充填の寄与割合を減らしている．これによっても材料の固化に伴う体積収縮の影響を軽減できるが，型内材料を冷却しつつ外部から材料を充填するため，これによる不良現象が新たに成形品内に発現することがある．これについても第 6 章で詳しく述べる．

3.6.6 変形に伴う発熱との重畳：焼け(図 3.43)

プラスチック材料に限らず，材料に塑性変形を生じさせると加えた変形エネルギーが熱として放散される．粘性材料に流動(塑性変形)を起こさせたときの熱放散を“粘性発熱(viscous heating)”あるいは“粘性散逸(viscous dissipation)”とよび，粘度の高い流体を高い変形速度で流動させるほど(すなわち加える変形エネルギーが大きいほど)熱放散が顕著になる．扱う材料の粘度が高く，通常の流体の流動に比べて格段に大きな力を印加して材料の変形させるプラスチック成形加工の分野では，粘性発熱量そのものが大きいことに加えて，プラスチック材料内の熱拡散が優れないため，その影響が顕著に現れる．

プラスチック成形加工における形にするプロセスでは，粘度の高い融解プラ

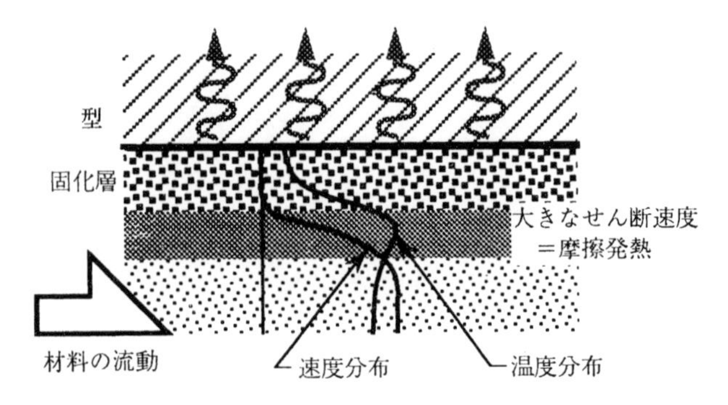

図 3.43　材料の流動に伴う摩擦発熱：材料の熱分解(焼け)の要因

スチック材料にせん断変形を引き起こすが，その際の粘性発熱はせん断速度の大きな部位ほど大きい．一方，形にするプロセスにおけるプラスチック材料内の速度分布は，それに平行して行われる固めるプロセスの進展状況に強く影響され，特に熱可塑性プラスチック材料の成形加工では，冷却の進んだ部分と未固化の部分の境界で強いせん断変形を生じる(**図 3.43**)．この部分の粘性発熱は，材料温度を上昇させ材料の流動性が増すから，この部分のせん断変形を助長して，結果的に粘性発熱の影響を増大させることになる．

粘性発熱による温度上昇がプラスチック材料の熱分解温度を超えると，成形品に“焼け”とよばれる不良を生じることがある．焼けは，粘性発熱に限らずプラスチック材料を高温にさらした際に生じる不良現象であるが，材料の流動性を増すために熱分解温度に近い温度までプラスチックを加熱して行われることが多い熱可塑性プラスチック材料の成形加工では，わずかな粘性発熱によって焼けとなることが多い．これはプラスチック材料の熱拡散の悪さと粘性発熱が変形速度の高い部位に局所的に生じることが相まって起こる現象である．

参 考 文 献

1)　講座・レオロジー：日本レオロジー学会編，高分子刊行会，p.30(1992)
2)　黒崎晏夫，佐藤　勲，石井浩一郎：日本機械学会論文集，56-522 C，pp.504-511(1990)
3)　横井秀俊：昭和63年度文部省科学研究費補助金(一般研究 C)研究成果報告書，p.5(1989)

第4章　形状の固定化

"固める"プロセスにおける固化の特徴とそれによって発現する微細構造

形になったプラスチックは，一般にそのままでは柔かくてとり出すことも困難であるし，製品として使用するにも十分な剛性がない．金型からとり出すためにも，使用に耐えるためにも，ある程度の硬さをもたさなければならない．その硬さをプラスチックにもたせるにはいくつかの方法がある．

その代表例は，プラスチック材料に対して流動性を付与させるのと反対のプロセスで，プラスチックに硬さを付与する方法である(**図 4.1**)．流動性の付与では，シリンダーなどの金属からプラスチック材料へ熱を伝えて，プラスチック材料の温度を上昇させたが，形状の固定化では，液体状のプラスチック材料の熱を周りの空気や水，あるいは金属へと逃がして温度を降下させる必要がある．このときの伝熱現象については第2章で述べたので，ここでは材料の立場で形状の固定化を考える．

プラスチック材料の固体から液体への変化と，液体から固体への変化とは，互いに何回でも加熱と冷却によって再現できるものが多い．すなわち熱によって可逆的に状態(相)が変化するものが多い．このようなプラスチックは熱可塑性プラスチックと分類できることは第2章で述べた．

そこで，熱によって可逆的に流動性が変化する熱可塑性プラスチック材料と，熱によって一方的に液体から固体へと変化(非可逆的)して，固体から流動性液体へ変化しない熱硬化性プラスチック材料とに分けて考えてみる．後者の熱硬

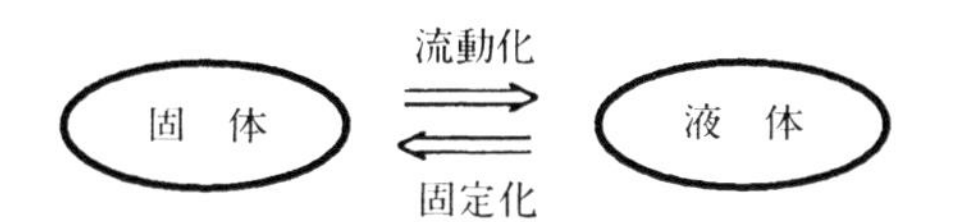

図 4.1　成形加工における流動化と固定化プロセス

化性プラスチックには，熱を加えなくても液体から固体へと非可逆的に変化するものも含む．

4.1　熱可塑性プラスチック材料の形状固定

PS(ポリスチレン)やPC(ポリカーボネート)のような透明な非晶性プラスチック材料を冷却すると，ガラス転移点で硬くなる．したがって，金型のなかで非晶性プラスチック材料を形状固定させるには，製品のかなりの部分の温度のガラス転移点以下になっていればよい．

また，PET(ポリエチレンテレフタレート)やPPS(ポリフェニレンスルフィド，poly(phenylene sulfide))のようなガラス転移点が室温よりも高い結晶性プラスチック材料でも，**図4.2**に示すように，しばしばガラス転移点で固定する．この場合にも，金型内でのプラスチック材料がガラス転移点以下となれば形状固定に十分である．ただし，結晶性プラスチック材料は冷却速度が遅い場合には，ガラス転移点よりも高い温度で固化する．この場合には結晶化温度が重要となる．

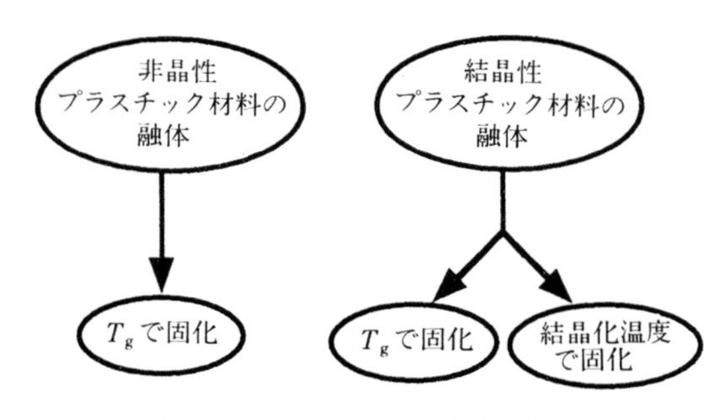

図 4.2　プラスチック材料の固化

この章では，まず非晶性プラスチック材料をとり上げ，その後に結晶性プラスチック材料について述べる．

4.1.1　非晶性プラスチック材料の形状固定

(1)　固化に伴う体積収縮

非晶性プラスチック材料が金型の形に賦形された後，冷却されると体積が収縮する．流動性が良好なときには保圧などで体積収縮(volume shrinkage)する分を補給できるが，さらに冷却されると流動性が悪くなって，金型内への補給

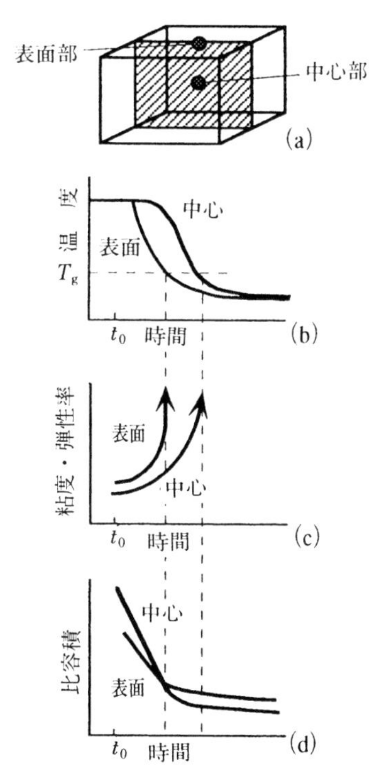

図 4.3 非晶性プラスチック材料の成形品の表面と内部の固化の差

が困難となると同時に，液体プラスチック材料を金型に押しつける力もなくなる．これが原因となって形状固定が不完全になり，製品の ひけ(sink mark)やそり(warp)が発生する．

いま，**図 4.3**(a)に示すような直方体の成形品の表面と中心部の温度が時間とともに変化する様子を考えると図 4.3(b)のようになる．この図で，t_0 はプラスチック材料が金型の形になった時間である．固めるのは形にしてから後のこととして扱っている．プラスチック材料の熱伝導率は小さいため，中心部と表面部の温度変化の差は非常に大きい．

このときの粘度あるいは弾性率の変化は図 4.3(c)のようになり，表面部分も中心部分もガラス転移点の近くになると粘度あるいは弾性率の値が数桁のオーダーで変化し，速やかに固化する．このときの非晶性プラスチック材料の特徴は，固化していない中心部分でも粘度が，あるいは弾性率が時間とともに緩やかではあるが，増加しつづけていることである．いい換えると，中心部分もかなり早い時間に硬くなり始めている．

非晶性プラスチック材料は，ガラス転移点に達すると速やかにガラス化して，粘度，弾性率ともに非常に大きくなり，十分に形状の固定化ができる．したがって，表面付近がガラス転移点以下になると，製品を金型からとり出しても形状を容易に保つ．

比容積(密度の逆数，specific volume)の変化は図 4.3(d)の曲線となる．固化はガラス転移点で実現できるので，表面は早い時期に固化され，比容積はほぼ一定となるが，中心部分がほぼ一定の比容積になるまでには，中心温度がガラス転移点に達するまでの時間を要する．

立方体で，表面側が高圧でガラス化した高密度状態であり，中心部分が低圧でガラス化した低密度状態であるとする．これを，ガラス転移点からあまり離れていない室温で長時間保持すると，中心部分が高密度化する．このとき**図 4.4**のように立方体の面が沈む．この表面が沈む状態を“ひけ”とよんでいる．これは形状を固定化した後で起こる体積収縮の不均一性に原因がある．

さらに，**図 4.5**のような板で，上下で冷却速度が異なって，上側が急冷でガラス化温度が高く，低密度であり，下側がその反対であるとする．この板を室温で放置すると，低密度の上側がゆっくり高密度化して収縮し，上面が凹面状になる．この凹面状のことを“そり”とよんでいる．これも，ひけと同じ原因である．

ひけ と そり は成形加工の重要な不良問題であるが，非晶性プラスチック材料

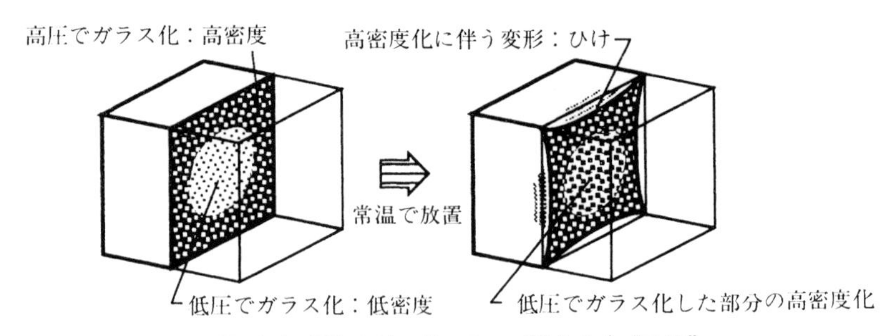

図 4.4　固化条件の差によって発生する“ひけ”

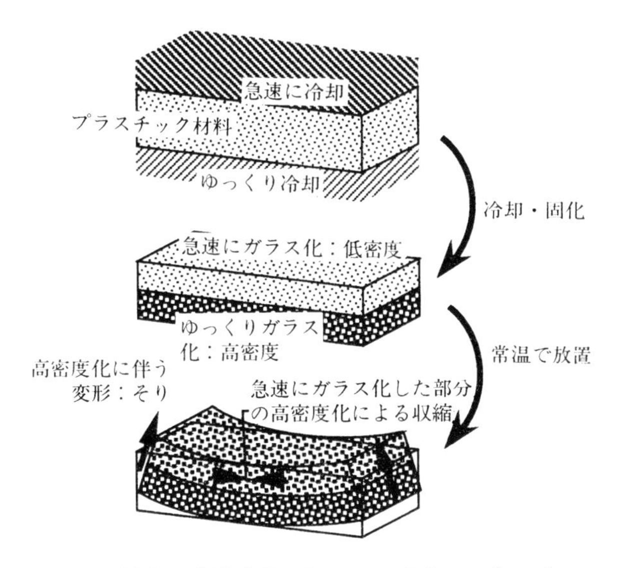

図 4.5 固化条件の差によって発生する“そり”

は結晶性プラスチック材料に比べてその程度が小さい．しかも CAE での予測が可能であり，これを避ける多くの方法が考えられている．

ひけ と そり は形状の固定化が不完全であることによるが，これを避けるのに気体を利用することが行われている．いわゆるガスアシスト射出成形(gas-assisted injection molding)がそれである．

厚肉成形品の断面を考えてみよう．図 4.6(a)のように，ガスがない場合には

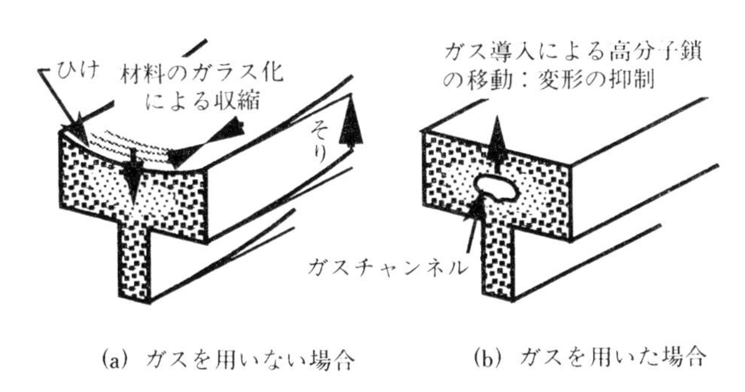

図 4.6 ガスを用いない場合とガスを用いた場合の厚肉成形品の断面

厚肉内部の収縮によって ひけ や そり が生じる．これに対して図4.6(b)のようにガスを中心部分に導入すると，実質的な肉厚を小さくでき，しかも内側が自由表面なので，外側からのガラス化の際に中心近くの高分子鎖が外側へと移動できる．これらの効果によって ひけ や そり をかなりの程度とり除ける．

（2）　冷却速度の影響

非晶性プラスチック材料の体積収縮も冷却速度(cooling rate)の影響を受ける．比容積(＝1/密度)の温度変化を**図4.7**(a)に示している．高温から冷却に伴って，大きな体積収縮率で比容積が小さくなるが，ガラス転移点(T_g)に達すると体積収縮率が小さくなって，固化(ガラス化)する．

さて，図4.7(a)で冷却速度の速い場合には，比較的高い温度(T_{g1})でガラス化する．これは簡単には，高分子鎖の動きが冷却速度に追従できなくなり，より不安定な状態でガラス化すると説明できる．したがって，速い冷却速度で固化したプラスチツク材料の密度は小さい．

冷却速度が遅い場合には，高温での体積収縮は高冷却速度の場合と同じ直線上に沿って進むが，T_{g1}の温度になってもガラス化せずに同じ直線上に沿ってさらに体積収縮が進行し，やがてT_{g2}でガラス化する．T_{g2}以下での体積収縮率は高冷却速度のものと同じである．したがって，遅い冷却速度で固化したプラスチック材料の密度は大きくなる．

射出成形，押出成形，ブロー成形，フィルム成形，紡糸などの非晶性プラスチック製品の中心部の密度は，この冷却速度の影響を考えれば，図4.7(b)に示したように表面の密度より大きくなる．したがって，光の屈折率や誘電率も中

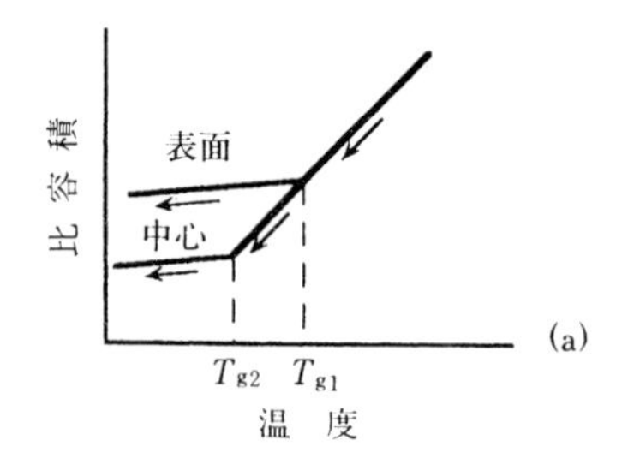

図4.7(a)　冷却速度の異なる場合の体積収縮とガラス化温度

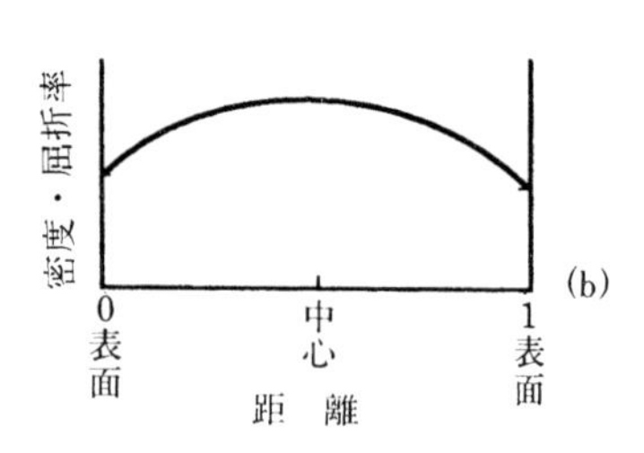

図4.7(b)　成形品の密度分布

心部分のほうが大きい．しかし，その差はあまり大きくないので，気がつかないことが多い．

このガラス化によって，熱伝導率，比熱，ポアソン比(Poisson's ratio)なども変化する．熱伝導率はガラス転移点付近でピークをとり，ガラス転移点から温度が下がると小さくなるのが一般的である．比熱はガラス転移点以下になるとほぼ一定になる．ポアソン比は流動状態では0.5であるが，ガラス転移点に近づくと値が小さくなり，ガラス転移点以下では，多くのプラスチック材料でポアソン比が0.3前後になり，非圧縮の仮定が成立しなくなる．ここで，ポアソン比は材料が変形したときの体積変化を意味し，0.5のときは変形に伴う体積変化がない．0.5以下では変形に伴って材料は膨張し，体積が増加する．

(3) 圧力の影響

同じ冷却速度で圧力が異なる場合の体積収縮曲線を**図4.8**に示す．高圧のほうが液体状態での比容積が小さく，密度が大きい．ガラス状態においても比容積は圧力の増加とともに小さくなる．また，ガラス転移点は高圧になるに従って，高温側にシフトする．このことは，高い圧力がプラスチック材料のなかの分子鎖が自由に動き得る体積(自由体積，free volume)を小さくしてしまい，分子鎖を動きにくくしていると考えれば理解できる．

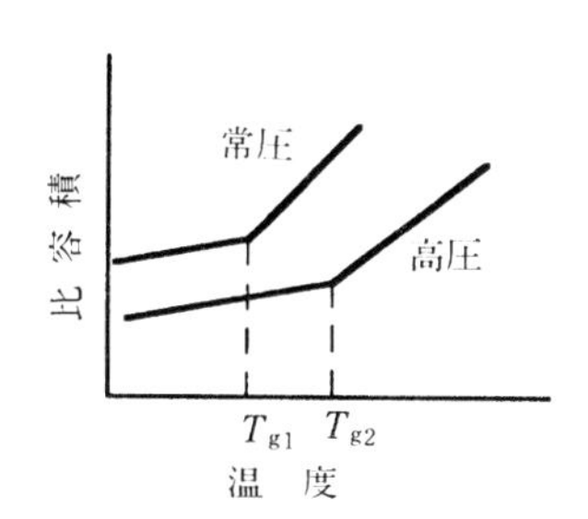

図4.8 圧力の異なる場合の体積収縮とガラス化温度

したがって，射出成形ではガラス化するときの圧力が成形品の密度に強く影響することになる．保圧のタイミングと圧力値を変化させることによって，成形品の密度分布あるいは屈折率分布を調整することができる．

この圧力の密度に対する影響は冷却速度の影響に比べて大きい．

(4)　配向の影響

非晶性プラスチック材料のガラス化に対する配向(orientation)の影響を理論的に考えることは，そんなにむずかしいことではない．しかし，実験的に調べるのはむずかしく，これまでのところわかっていないといっても過言ではない．

(5)　残留応力

成形品の固化温度は一般に室温よりは高い．したがって，成形品は固化後に室温まで冷却される間にさらに収縮する．しかし，すでに成形品の外形が固定化されていて，収縮できない部分があり，収縮に不均一が出じて，それが残留応力の主な原因となる．すなわち，成形品の残留応力にはガラス化の温度が強く影響する．冷却速度と圧力などによって成形品内のガラス化温度の分布を最適にすれば，残留応力をある程度下げることは可能である．このような最適化は，CAE(computer-aided engineering)によってなされている．

残留応力のもう1つの原因は高分子鎖の配向である．プラスチック材料の安定度のパラメータであるエントロピーは，高分子鎖がランダム(無配向状態)のほうが大きく安定であり，高分子鎖はいつもランダムになろうとする．したがって，プラスチック製品のある部分が配向していると，それが無配向になろうとする傾向にある．使用温度がガラス転移点から十分に低いと，この無配向化の動きも止められているが，ガラス転移温度に近づくと，無配向化の動きが開始し，残留応力となる．ところで，固化後の非晶性プラスチックの高分子鎖の配向は，ガラス化するときの流動応力で決定される．なぜなら，溶融体のなかの高分子鎖の動きはガウス鎖(Gaussian chain)として仮定でき，流動状態での分子の配向度は応力に比例するからである．したがって，CAEによって固化時の流動応力を予測すれば，それによる残留応力も予測可能となる．

(6)　ガラス転移点に対する分子構造の影響

ガラス転移点で固化するものが多いことを知ったが，ここで，ガラス転移点に対する分子構造の関係を少しまとめておこう．

高分子鎖の分子構造(molecular structure)を変化させた場合には，ガラス転移点は融点と類似した傾向をとる．すなわち，PEのように単純な分子構造のものはガラス転移点が低く，PSの ⌬ のように側鎖をバルキー(かさ高)にして動きにくくしたり，主鎖に二重結合，さらに芳香族のベンゼン環などを導入する

表 4.1 プラスチック材料のガラス転移点と融点

種　　類		T_g(°C)	T_m(°C)
ポリエチレン	(PE)	−125	141
ポリプロピレン	(PP)	0	186
ポリスチレン	(PS)	100	
ポリエチレンテレフタレート	(PET)	69	267
ポリブチレンテレフタレート	(PBT)	50	240
ポリブテン-1	(PB-1)	−25	128
ポリアミド 6	(PA 6)	50	225
ポリアミド 66	(PA 66)	50	265
ポリオキシメチレン	(POM)	−50	180
ポリ塩化ビニル	(PVC)	87	212
ポリフッ化ビニデリン	(PVDF)	35	177
ポリフェニレンスルフィド	(PPS)	88	290
ポリテトラフルオロエチレン	(PTFE)	126	327
ポリアクリロニトリル	(PAN)	104	
ポリビニルアルコール	(PVA)	85	
ポリカーボネート	(PC)	150	267
ポリメタクリル酸メチル	(PMMA)	90	160
ポリアミドイミド	(PAI)	275	
ポリウレタン	(PUR)	−20	
ポリエーテルサルホン	(PES)	230	
ABS		80〜125	
ポリフェニレンオキシド	(PPO)	104〜120	
エチレン酢酸ビニル共重合体	(EVA)	−42	65〜90

とガラス転移点が高くなる．同じベンゼン環でも直線状に主鎖を形成すると，屈曲鎖からなるプラスチック材料よりはガラス転移点が著しく高くなる．

いくつかのプラスチック材料のガラス転移点と融点を**表 4.1** にまとめておく．よく見るとわかるが，ガラス転移点は融点の 1/2 から 2/3 の間に収まっている．ただし，このときの温度は絶対温度（K）を使用する．

高分子鎖が長くなるに従って，ガラス転移点が高くなる．**図 4.9** にガラス転移点の分子量（molecular weight）依存性の曲線を示しているが，分子量が 10 万程度以上になるとあまり変化しなくなる．

炭化水素分子などの柔らかい分子を側鎖としたとき，それが長くなるとガラス転移点を下げることになる．また，高分子鎖間での架橋（crosslinking）はガラ

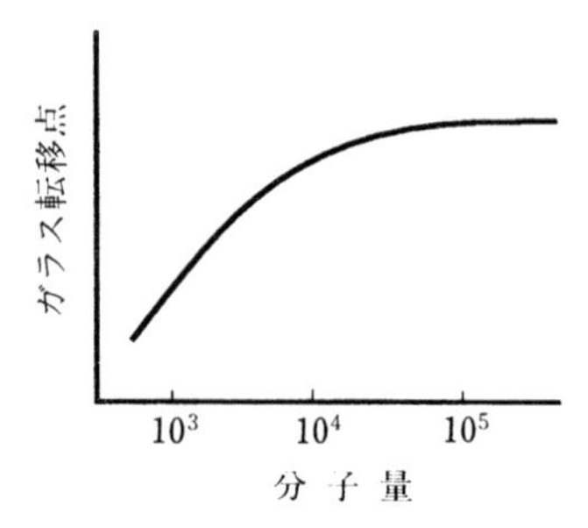

図 4.9 ガラス転移点の分子量依存性

ス転移点を大きく増大させる．エポキシは，未架橋のオリゴマーでは室温で液体だが，架橋が進むに従って室温ではガラス状態となる．

プラスチック材料に低分子物質を添加したり，溶剤をとり込んだりするとガラス転移点は低下する．典型はPVC(ポリ塩化ビニル)とPA(ポリアミド)である．PVCは，可塑剤でガラス転移点を変化させて成形加工を容易にしている．非晶状態のPAはガラス転移点が50°C付近にあり，乾燥状態では室温でガラス状態だが，水を吸収するとガラス転移点が下がり，室温でもゴム状態となり，ときには結晶化することとなる．

4.1.2 結晶性プラスチック材料の形状固定

(1) 固化に伴う体積収縮

結晶性プラスチック材料の形状固定は，非晶性プラスチック材料の形状固定に比較してむずかしい．その主な理由はつぎの3点である．

① 固化前後の体積変化が大きい．

② 固化の温度が成形条件によって大きく変化する．

③ 固化が始まっても，粘度や弾性率が急激に大きくなるとは限らない．

比容積の温度変化で①の様子を**図 4.10** に示した．結晶性プラスチック材料の場合には，液体状態では非晶性プラスチック材料と同程度の比容積である(液体状態の比容積は分子構造に依存する)が，融点以下でかつガラス転移点よりも高温では徐々に比容積が減少し始める．この比容積の大きな減少は結晶化によるものである．この結晶化によって固化が始まる．このとき，結晶化前後で大きな体積変化があることになる．図に示したように，結晶化前後での体積収縮は成形品の部位によっても異なる．極端な場合は，ガラス化と同じ体積収縮しか示さない場所が発生する可能性もある．ちなみに，ガラス化による固化の体積変化は結晶化に比べれば非常に小さい．

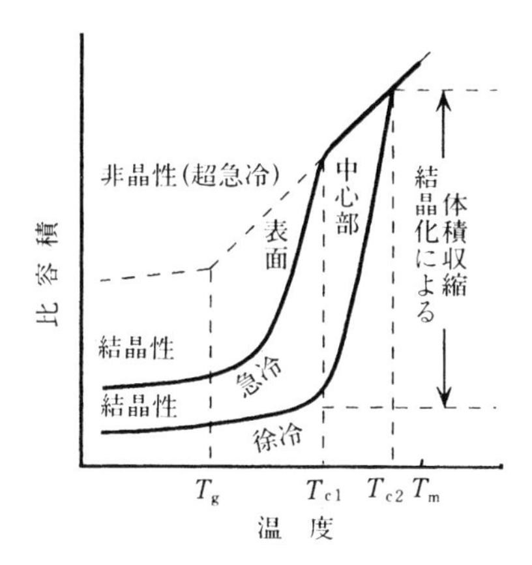

図 4.10 結晶性プラスチック材料の体積収縮

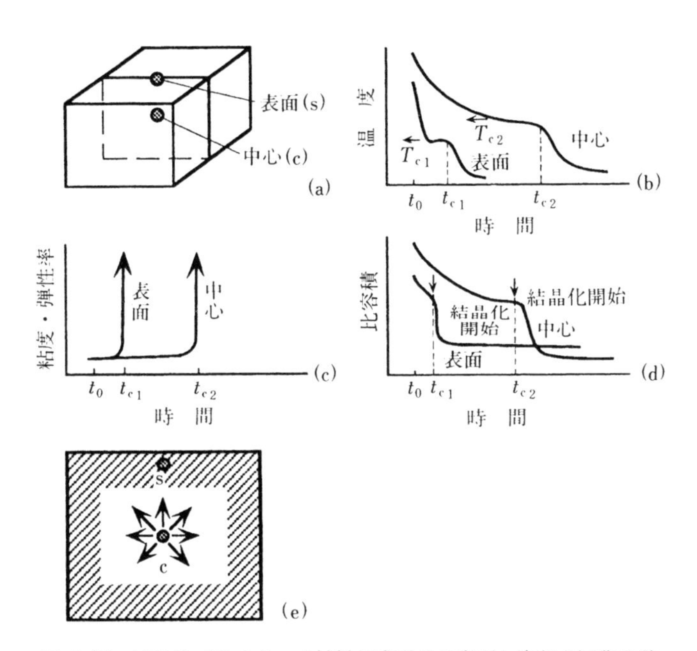

図 4.11 結晶性プラスチック材料の成形品の表面と内部の固化の差

そこで，この固化前後の体積変化が成形品にどのように影響するかが問題である．例として肉厚の成形品の断面を考える(**図 4.11(a)**)．このときの温度変化を非晶性プラスチック材料の場合と対比して考えると，図 4.11(b)のようになる．結晶化は発熱を伴うので，結晶化しているところで，冷却が一時停止して温度一定となる．このときの温度はガラス転移点以上である．

成形品の表面部分と中心部分の粘度あるいは弾性率の変化を図 4.11(c)に示した．表面部分が速く結晶化して，粘度あるいは弾性率が大きくなり始め，少しの時間を経過してから急激に硬化する．もう１つの特徴は表面部分が硬化した後も，中心部の粘度あるいは弾性率は結晶化が始まるまであまり変化せず，柔らかく，高分子鎖が動きやすい状態を保ったままである．この点が非晶性プラスチック材料との差である．

このときの体積収縮は図 4.11(d)に示したとおりである．表面部分に着目すると，結晶化開始後，直ちに大きな体積収縮を起こす．その結晶化によって外形が決まる．さらに表面の内側部分が結晶化することとなり，その体積収縮をどこかが補わなければならないのだが，それを分担するのが中心部分のプラスチック材料である．中心部の未結晶化部分での液体状態の高分子鎖は，4.11(c)でもわかるように動きやすい状態にある．そこで，中心部分の高分子鎖は結晶化しつつある表面部分へと動く(図 4.11(e))．そうすると中心部分の高分子鎖が存在しなくなる．これが結晶性プラスチックの肉厚の成形品で中心部に気泡が発生しやすい理由である．

これに対して非晶性プラスチック材料では気泡が発生しにくい．固化前後での体積収縮が小さいことと，中心部の未固化部分の粘度が高いことにより気泡が発生しにくい．後者は，粘度や弾性率がガラス転移点からあまり離れていないところでは温度に強く依存し，温度が少し変化すると値が大きく変化(上昇)することとなる．表面部分がガラス化しているときにも，中心部分の温度の下降に伴う粘度・弾性率の増大があることは前述のとおりである．

固化の温度は，非晶性プラスチック材料のガラス化の場合でも冷却速度や圧力などの条件によって変化したが，結晶性プラスチック材料では非常に大きく変化する．成形加工条件によっては通常観測される融点以上の温度で固化する場合(高圧結晶化や高配向結晶化)もあり，ガラス転移点まで冷却して初めて固

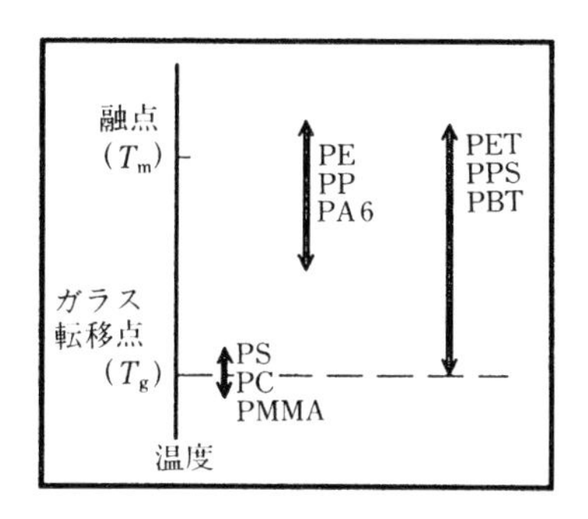

図 4.12 プラスチック材料の固化の温度範囲

化する場合もあるなど，広い範囲にわたって固化温度が変化する可能性がある．典型例が，PET や PPS であろう．PE や PP でも低温側の可能性は100°C前後であり，高温側は200°C以上で固化することがある．PS などの非晶性プラスチック材料では考えられないことである(図 4.12)．

では，なぜこんなに大きく固化温度が変化するのであろうか．

答えは，結晶化には時間に依存しない熱力学が支配的でなく，時間変化が重要な動力学が支配的であるからである．すなわち，結晶化の速度が固化に関係している．冷却速度よりも結晶化速度が極めて速ければ，プラスチック材料は融点の近くで固化し，冷却速度の方が結晶化速度より極めて速ければ，プラスチック材料は結晶化せずにガラス転移点で固化する(図 4.13)．さらに，配向状態

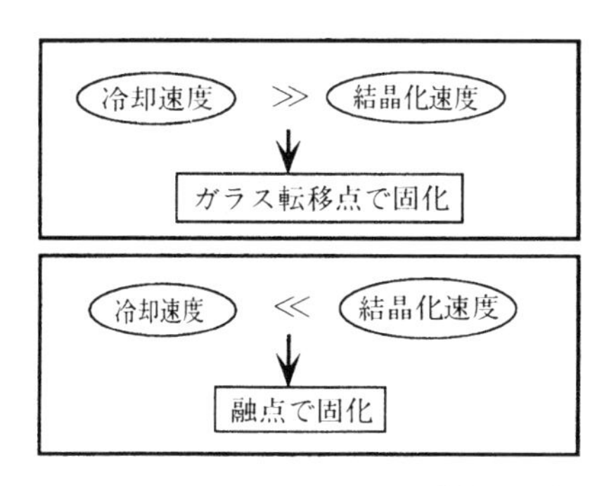

図 4.13 結晶性プラスチック材料の固化

や圧力下での融点は通常の融点よりもかなり高温になることがある．このような状態では結晶化速度が極めて速いため，しばしば通常の融点よりも高温で結晶化および固化する．

さて，どのような条件で固化温度が変わるのか．冷却速度はすでに述べたように大きな外的要因である．一方，結晶化速度に影響する外的要因としては成形時の流動応力と圧力がある．流動応力が大きいほど高温で結晶化する．ただし，圧力は高圧になると高温で結晶化する場合と，結晶化しなくなる場合とがあり複雑である．これらは第III巻で詳細に議論する．他の外的要因として，金属との界面効果，超音波照射効果，電場印加効果，磁場印加効果などがあるが，これらは一般的には結晶化温度を上昇させる．内的要因としては，高分子鎖の構造(分子量，分子量分布，枝分かれ，立体規則性など)，充塡剤あるいは希釈剤の種類と量，ブレンドの成分と分率などがあり，これらの要因を変化させることによって，かなりの広い温度範囲で固化を制御できる．

これらの固化温度の変化は，成形品の微細構造(fine structure)と物性(physical property)に影響することはもちろんであるが，成形不良にも密接に関係す

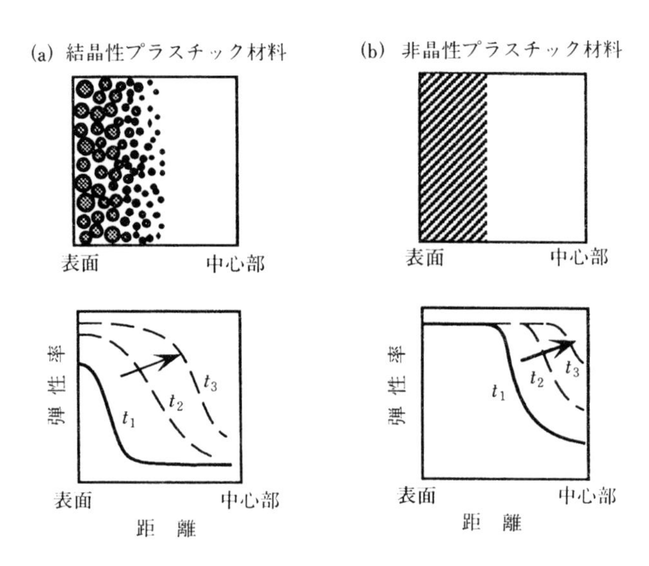

図 4.14　プラスチック材料の固化の進展と弾性率の分布，t_1，t_2，t_3 は成形中の時刻($t_1 < t_2 < t_3$，固化の途中であることに注意)

る．これらの関係把握に対してはCAEなどを有力な手段とする必要がある．

結晶化による固化には時間が必要である．これは，速やかに固化するガラス化の場合と異なる点である．もう1つの重要なことは，結晶化した小さな微結晶(5×10^{-9} m～)の回りは液体状態(あるいはゴム状態)であるということである．

そこで，**図4.14**のように表面近くの部分を拡大して考えてみる．

結晶化で固化する場合図4.14(a)は，表面に近いところでは液体中に微結晶が数多く浮かんでおり，中心部に進むに従ってその数が少なくなり，大きさも小さくなり，やがてどんな微結晶も存在しなくなる．

これに対して，ガラス化で固化する場合には図4.14(b)に示すように表面のガラス化した部分ではその回りの部分もガラス状態にあり，同じ程度の緩和時間，弾性率をもっている．また，中心部の液体部分でも緩和時間と弾性率ともに比較的高い．したがって，適当な厚さの部分がガラス化すると成形品全体の形状が固定化できる．

結晶化過程の粘度や弾性率の変化はあまり詳しく研究されていないが，定性的には図4.14(a)に示すように，結晶化初期のプラスチック材料は液体状態の粘度や弾性率と同程度であり，結晶化が進むに従って，結晶化した部分の粘度と弾性率が大きくなる．その粘度あるいは弾性率がある程度以上の値にならないと固化したとはいえない．また結晶化していない部分の粘度，弾性率が非常に小さいので，形状の固定化にはある程度以上の粘度，弾性率をもつ部分が十分に厚くならなければならない．つまり，結晶化がかなり進行しないと成形品の形状の固定化ができない．

LDPE(低密度ポリエチレン，low density polyethylene)などのように，ガラス転移点が室温より低い材料で，最終到達結晶化度が低いものは，成形加工工程で十分に結晶化させた後でも高い粘度や弾性率をもたない場合がある．このような場合には，成形品の形状を固定化するのはむずかしい．これに対する具体的対策としては，高分子鎖の長さを長くするか，高分子鎖間を架橋してネットワークにするなど高分子鎖構造を改良する方法，ガラス繊維のような充填剤を用いる方法がある．

(2) 冷却速度の影響

結晶性プラスチックは，非常に速く冷却すると結晶化せずにガラス化し，非

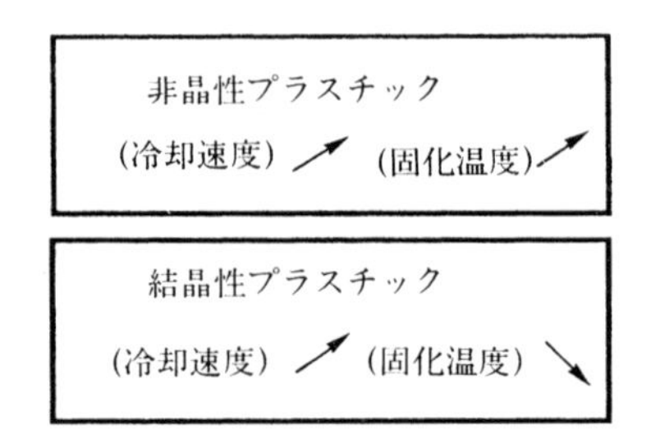

図 4.15　プラスチック材料の固化温度と冷却速度の関係

常に遅く冷却すると高温で結晶化することはすでに述べた．その中間で冷却速度を少し遅くすると，図 4.10 の急冷状態に示すように，ガラス転移点と融点の中間ぐらいから結晶化が始まり，最終的に到達する比容積があまり小さくならないで，体積収縮が小さい．冷却速度をさらに遅くすると，より高温側から結晶化が始まり，体積収縮も大きくなる．これらの結晶性プラスチック材料の冷却速度と固化温度の関係は，ガラス化による非晶性プラスチック材料の固化とは逆の関係にある．ガラス化では速く冷却すると高温で固化し，これに対して結晶化では速く冷却すると低温で固化する(**図 4.15**)．固化後の比容積はガラス化と結晶化いずれも速い冷却のほうが大きくなる．密度は速い冷却速度では小さく，不安定な状態で固化することとなる．

(3)　圧力の影響

冷却では結晶化を制御できるが，結晶化速度(crystallization rate constant)

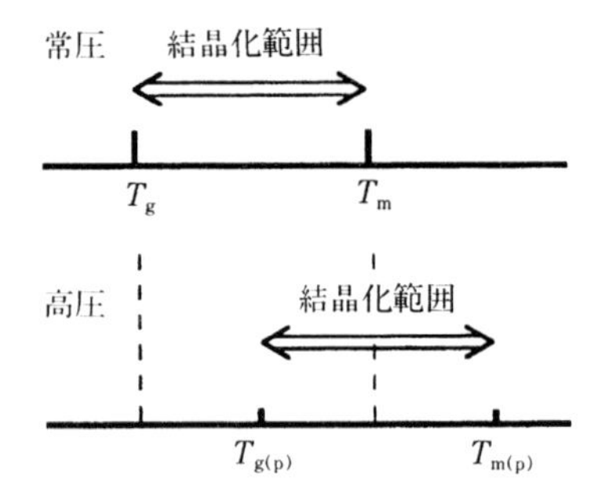

図 4.16　圧力変化に伴う結晶化温度範囲のシフト

は冷却速度には依存しない．圧力変化は結晶化速度自身を変化させる．

結晶化は融点以下でかつガラス転移点以上で起こる．ところが，融点もガラス転移点も圧力の増加とともに上昇する．したがって，結晶化範囲も圧力増加とともに高温側にシフトすることになる(**図 4.16**)．

では，なぜ融点以上の条件や，ガラス転移点以下の条件では結晶化できないのであろうか．

融解は結晶から液体への相転移(phase transition)として定義されていることはすでに第2章で述べた．すなわち，融点は無限に大きな結晶が液体と共存できる温度(これを正確に平衡融点とよび，通常の融点はこの温度より低い)である．この温度では有限の大きさをもつ結晶はすべて液体となってしまう．したがって，その系の融点以上ではどんな微結晶(結晶粒子)も存在しない．高温では液体から結晶核の“たまご(embryo)”ができたり消えたりしている．これは表面が発生することによる不安定性(表面エネルギー)と，結晶核の たまご のなかで分子が並んだことによる安定性(内部エネルギー)とがバランスしている状態，あるいは表面の不安定性が勝っている状態である．融点近傍で温度が融点に十分近ければ，この たまご は結晶核(critical nucleus)には成長せず，発生と消滅を繰り返している(**図 4.17**(a))．

しかし，もう少し温度を下げると結晶核の たまご のなかで，たまたま結晶核にまで大きくなるものが発生する(図 4.17(b))．いったん，たまご が結晶核にまで成長すると，表面のエネルギーより内部エネルギーの方が小さくなり，もう消えることがない．さらにこの結晶核が大きく成長する(図 4.17(c))と結晶化が進行し，固化へとつながる．このときの圧力の役割は内部エネルギーを減少

(a) 結晶核が発生する以前の状態

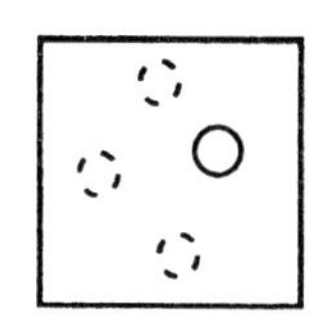

(b) 結晶核の発生

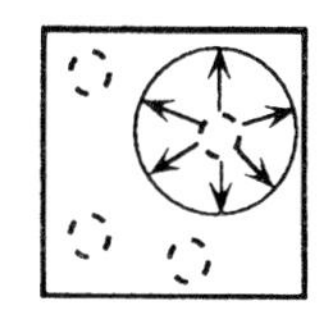

(c) 結晶核の成長

図 4.17 融点以下での結晶核発生の様子

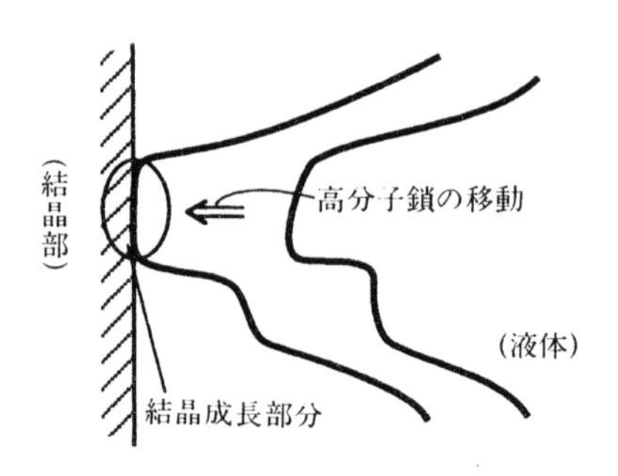

図 4.18　結晶成長時に液体中の高分子鎖が結晶表面へと拡散する

させる方に作用し，結晶核をつくりやすく，また結晶成長をも容易にさせる．

一方，結晶核ができるにも，あるいはできた結晶核が成長するにも，液体のなかの高分子鎖が他の高分子を押しのけて動いていかなければならない(図 4.18)．したがって，高分子鎖が動きやすいほうが結晶化が速く進行する．逆に高分子鎖が動かなければ，たとえ臨界結晶核ができていたとしても，結晶核のところまで動けないため，結晶化できない．ガラス転移点以下では，高分子の主鎖の重心の並進の動きが止っているので，臨界結晶核もつくれないし，すでに結晶核があっても，その表面までたどりつけなくて結晶核が大きくならない．この高分子鎖の動きにくさを拡散(diffusion)のための活性化エネルギー(activation energy)で表し，粘度の活性化エネルギーで置き換えて考えることができる．このときの圧力の役割は高分子鎖を動きにくくするので，結晶核の発生や成長を妨げる方向に作用する．

したがって，圧力は臨界核形成の自由エネルギーを減少させることができる．一方，拡散の活性化エネルギーを小さくすることができる．前者が支配的な温度範囲では圧力の印加は結晶化を促進することになり，容易に形状の固定化が可能となる．後者が支配的な温度範囲では圧力の印加は結晶化の進行を制御させ，形状の固定化を遅らせることになる．さらに圧力を上げると結晶化の進行を停止させ，ガラス化によって形状を固定化することも可能である．この場合は結晶性プラスチック材料といえども，非晶性プラスチック材料の固化と同じである．

では，射出成形ではプラスチックに圧力を加えるが，いつ結晶化するのかと

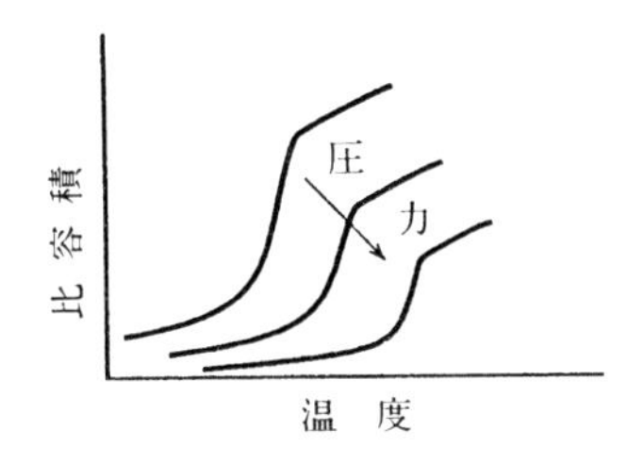

図 4.19 結晶性プラスチック材料の *PVT* 曲線

の疑問が生じよう．どの部分が，いつ，何°Cで結晶化するか，これを知ることは重要であるが，即答できる問題ではない．CAE の助けが必要である．CAE を利用して，圧力の印加タイミングと強さを制御すれば，固化条件を変化させられる．したがって構造制御した成形品を得ることができることとなる．圧力は結晶化温度に影響を与えるのみならず，成形品の密度分布にも影響する．圧力下での比容積と温度の関係は *PVT* 曲線としてよく知られ，**図 4.19** の形をしている．圧力を上昇させると融点が上昇するとともに，液体，固体とも比容積が小さくなり，高密度となる．

(4) 流動の影響

プラスチック材料は液体状態で流動するときに外力が必要である．この外力がプラスチック材料の高分子鎖を引き伸ばす．ここで，流動に必要な応力と分子鎖の伸びる程度とは 1 対 1 の関係にある．応力が小さいときには高分子鎖は伸びていないし，応力が大きいときには高分子鎖がよく伸びる．高分子鎖が伸びると，高分子鎖の配向の程度が高くなる．いい換えると，高分子鎖の配向は流動応力によって一義的に決定される．これらのことは前節の非晶性プラスチック材料の残留応力のところでも述べたことと同じである．CAE で応力分布を求めると，それがそのまま配向度分布に相当している．

それでは，配向度は結晶化とどのように関係するのであろうか．

両者は非常に強い相関関係にある．定性的な理解はつぎのようなものである．結晶は配向した分子鎖が三次元的に配列したものである．だから，結晶のなかの分子鎖は配向している．分子鎖が配向した液体では，少なくとも一次元の配列をもっていることになる．つまり，分子鎖が配向した液体は結晶に似ている

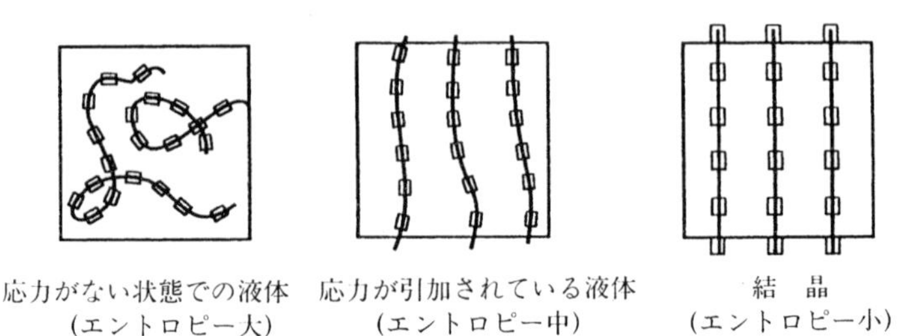

図 4.20　液体と結晶における分子鎖の配向とエントロピーの関係

ところがあるので，結晶の自由エネルギーと液体の自由エネルギーとの差が少なくなり，その結果，結晶化しやすいこととなる．

定量的には，もう少し，熱力学の助けが必要である．第2章2.4.2節において融点は内部エネルギーとしての“エンタルピー”とランダムの程度を表す“エントロピー”とで定義されることを述べた．

$$融点=\frac{(液体と結晶とのエンタルピー差)}{(液体と結晶とのエントロピー差)}$$

ここで，エンタルピーは配向の影響をそれほど受けないが，エントロピーは分子鎖が取り得る形の種類の数に関係するから分子鎖の配向に非常に敏感である．分子鎖が配向すると分子は自由に屈曲できないから，自由な形をとれず，高分子鎖の乱雑さに関係した量であるエントロピーは小さくなる．**図4.20** に高分子鎖の伸長度とエントロピーの関係を示している．配向した液体のエントロピ

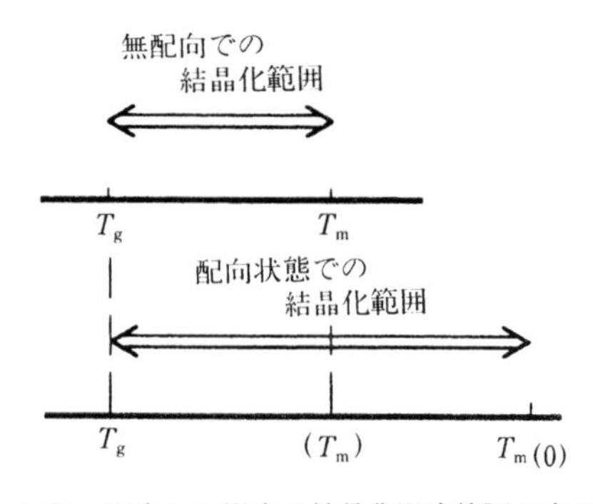

図 4.21　配向した場合の結晶化温度範囲の広がり

ーは無配向の液体のエントロピーより小さく，結晶に近い状態にある．そうすると，上の融点の定義から，配向した液体からなる系の融点は高くなる．具体的には，PE の平衡融点が 141°Cなのに，流動配向している PE の融点は 200°Cにもなり得るのである．融点が高くなると，前節の圧力の影響のところで述べたが，結晶化可能領域は通常の融点よりも高温まで広がる．

ガラス転移点に対しても配向の影響は強いと予測されるが，非晶性プラスチック材料の項で述べたように，現時点では定量的に扱えるほど研究が進んでいない．したがって，ここでは融点に対する配向の効果のみで考えた結晶化範囲を図 4.21 に示した．

(5) 微細構造

流動応力下で結晶化した場合には，密度に大きな影響はないが，微細構造に大きく影響を与える．応力がない等方状態と応力が加わっている非等方状態からの固化の微細構造の様子を図 4.22 にまとめた．

結晶性プラスチック材料を静止状態で結晶化すると，図 4.22 のように球晶をつくる．球晶の直径は大きいときには 1 mm にも達することがある．通常の成形品では数 μm 以下の大きさである．成形品では，この球晶が大きくなりすぎると壊れやすくなる．これは球晶と球晶の境界が弱いためであり，金属などのグレインバウンダリーの効果などの考え方とは異なる．

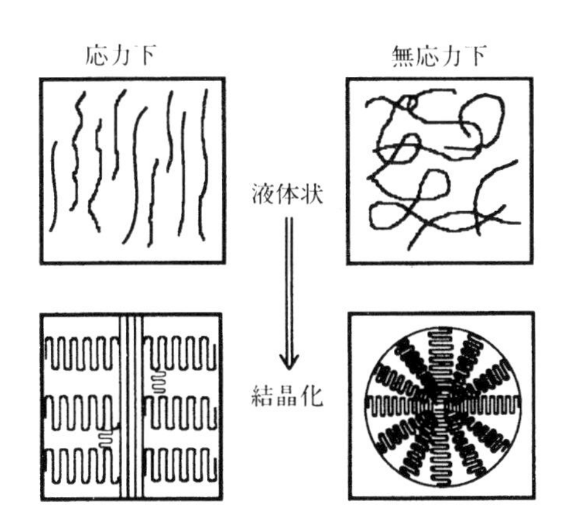

図 4.22 応力がない状態とある状態から結晶化した場合の微細構造の差

球晶はラメラの組み合わせでできていて，典型的な例は第2章の図2.9のようになっている．この球晶の内部構造は材料の種類が異なれば変化するし，たとえ同じ種類でも結晶化条件で異なったものとなる．

では，なぜ普通に結晶化すると球晶になるのであろうか．

答えは簡単で，球が同じ体積でつくれる形のうち最も少ない表面積をもつ形だからである．

これに対して，応力下で結晶化すると，しばしば図4.22に示すようなシシカバブ構造(shish kebab microstructure)をとる．これは，比較的伸びた高分子鎖からなる結晶とそれと平行に配向した折りたたみ(fold)ラメラ結晶からなる．また，条件によっては前者の構造に対して，応力方向と垂直に配向した分子鎖からなる折りたたみラメラ結晶が混在することがある．これら結晶がつくる微細構造は，成形品の力学特性や熱伝導特性など種々の物性に影響を及ぼすが，残留応力にはあまり影響を与えない．残留応力はむしろ，結晶間に存在する非晶の配向状態によって支配される．

これらの微細構造の計測には広角X線回折，小角X線散乱，電子顕微鏡，小角光散乱，偏光顕微鏡などが使用できる．これから微結晶の大きさや球晶の大きさを決定することができる．

(6) 残留応力とそり

残留応力には非晶が主たる役割をするので，結晶性プラスチックでも基本的には，非晶性プラスチックと同じである．結晶性プラスチック材料の場合の非晶部分は，結晶に囲まれていて，結晶の大きな体積収縮による ひずみ が集まり

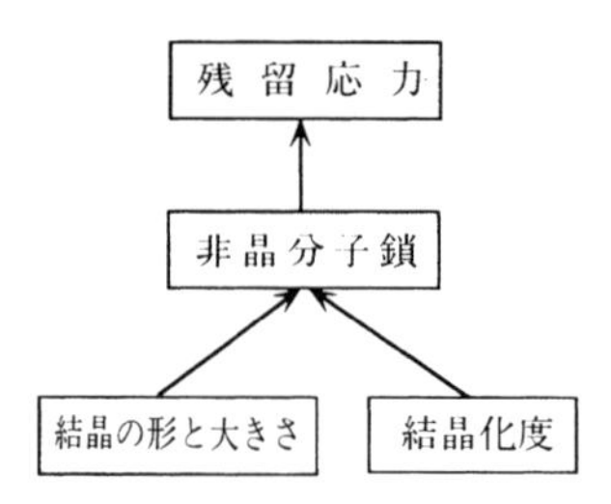

図 4.23 結晶性プラスチックの残留応力の原因

やすい状態にあるため，その内部の残留応力は結晶の形と，結晶化度による影響を受ける．特に，成形品中での結晶化度の分布は体積収縮の分布をもたらし，それが残留応力に影響を及ぼす(図 4.23)．

結晶性プラスチック材料の成形品の そり と ひけ は，非晶性プラスチック材料の場合よりは大きな問題となる．この節の最初で，形状固定のむずかしさの理由を 3 点挙げたが，そのうちの 1 および 2 番目の理由がひけ，そりの原因になる．すなわち，大きな体積収縮と成形品内での固化条件の分布である．特に，後者は結晶化度の分布や結晶の回りの非晶部分の ひずみ に強く影響し，これらが非常に大きな ひけ，そり を誘発する．CAE による微細構造予測が結晶性プラスチック材料の成形品の ひけ，そり の解決に有用となる．

(7) 気体の利用

結晶性プラスチック材料の固化による大きな体積収縮と未固化部分の低粘度によって，ひけ，そりおよび気泡が発生することが多いが，これは成形中の成形品のなかに気体を導入することでかなりの程度解決できる．この原理は非晶性プラスチック材料の「気体の利用」のところで述べたのと同じであるが，効果は非晶性プラスチック材料に比較して，結晶性プラスチック材料のほうが非常に大きい．

(8) 液晶性プラスチック材料

プラスチック材料には，非晶性プラスチック材料と結晶性プラスチック材料のほかに液晶性プラスチック材料(liquid crystalline plastic materials)がある．

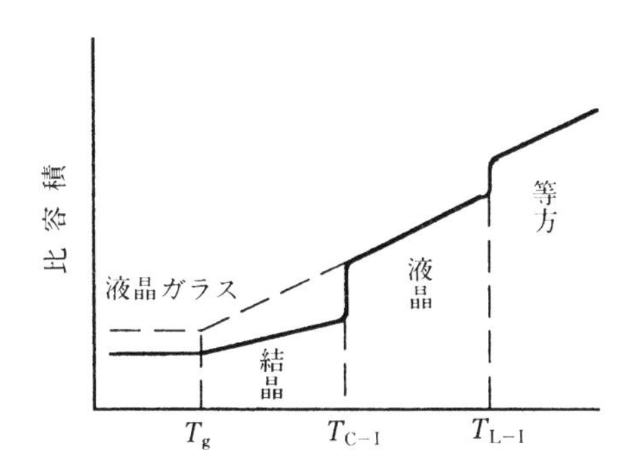

図 4.24 液晶性プラスチック材料の比容積の温度変化，ここで T_{L-I} は等方と液晶との転移温度で，T_{C-I} は液晶と結晶の転移温度である

液晶は二次元的あるいは一次元的に規則性をもつもので，規則性の点では結晶と非晶の中間である．しかし，液晶はそれ自身で流動することを第2章で述べた．では形状の固定化はどうか．

液晶性プラスチック材料は**図4.24**に示したように，ガラス転移点で固化する場合と液晶-結晶転移点で固化する場合とがある．

ガラス転移点で固化する場合は，非晶性プラスチック材料と同様に速やかに固化し，形状の固定化が可能である．非晶性プラスチック材料との差は構造形成である．液晶の場合には，形にする間に構造が形成されている．たとえば，射出成形品の場合，金型壁面では流動方向と平行に高度に配向しており，成形品の中心部では流動方向に垂直に配向している(**図4.25**)．ガラス転移点を通過するときにはその構造を固定化するのみである．

一方，全芳香族ポリエステル系共重合体などのようなプラスチック材料は，主に液晶-結晶転移点で固化する．液晶から結晶への相転移は非晶からの相転移(結晶化)に比較して，動力学的な取り扱いは必要ない程度に相転移速度が速い．したがって，転移点に達したら直ちに固化すると考えてもよく，冷却速度の影響は通常の成形ではほとんど考える必要がない．ここが結晶性プラスチック材料の結晶化と異なるところである．圧力や流動応力によってこの転移点は変化するが，ここで述べる程度には研究レベルが進んでいない．成形加工で形成される液晶性プラスチック材料の微細構造は，ガラス化の場合と同様で配向の方位の変化が主である．結晶化した場合には，配向の程度，配向したドメインの大

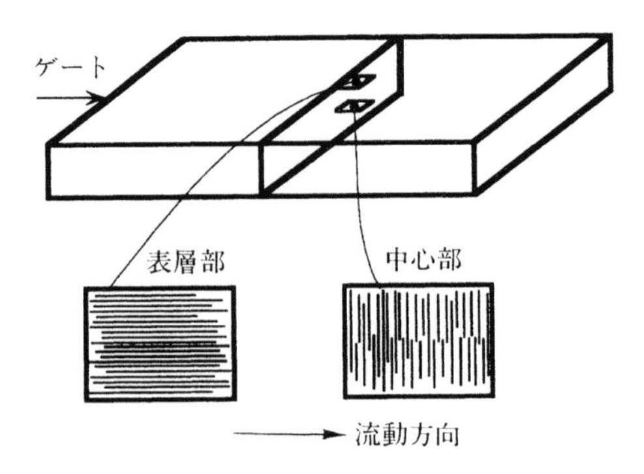

図 4.25 液晶性プラスチック材料の成形品内の配向分布

きさなどを冷却速度，流動応力，圧力などの成形条件でわずかに変化させることができる．

4.2 熱硬化性プラスチック材料

熱硬化性プラスチック材料では，出発原料が3官能以上の官能基をもっていること，そして，それが，単一の材料中にあって，熱や光のエネルギーによって反応が促進されるものと，2つ以上の材料中にあって，官能基が熱や光のエネルギーによって反応を開始するものとがある．いずれにしても，反応が十分に進む以前に形にしなければならない．形状の固定化は架橋反応の促進によってなされる．

熱硬化性プラスチック材料の形状の固定化は，正確には架橋によるゲル化(gelation)とガラス化(vitrification)とによって記述できる．ゲル化時間は十分に三次元なネットワークができるまでの時間である．ガラス化時間は，液体状態あるいはゴム状態からガラス化するまでの時間である．架橋反応によって分子量が増大し，ガラス転移点が上昇するので，同じ温度に保持していても，反応の途中で液体状態からガラス状態へと変化する．

このような特徴を**図4.26**に示している．未反応原料のガラス転移点(T_{g0})以下では反応は進まないし，もちろんガラス状態で流動しない．また，最も架橋反応が進んだ状態でのガラス転移点を$T_{g\infty}$とすると，この温度以上では固化しない．したがって，流動と固化のプロセスをもつ成形加工では，この2つの温度T_{g0}と$T_{g\infty}$の間が重要となる．この間では図のようなガラス化時間となっている．T_{g0}に近いところでは，粘度が高いために反応はなかなか進まない，そして，しばしば未架橋のままガラス化する．さらに高温では，原料の粘度が減少することで架橋反応が進みやすくなる．この状態では十分に架橋反応が進んでからガラス化できる．さらに$T_{g\infty}$近くになると，架橋反応自身は進行するのだが，ガラス化することはない．したがって，この温度以上では形状の固定化はむずかしい．

T_{g0}と$T_{g\infty}$の間の一定温度での粘度の時間変化は，**図4.27**のようになる．高温の方が短時間で粘度上昇する．この粘度上昇は分子量の増大によるものである．実際には材料内に架橋反応による発熱があるため，一定温度に制御するの

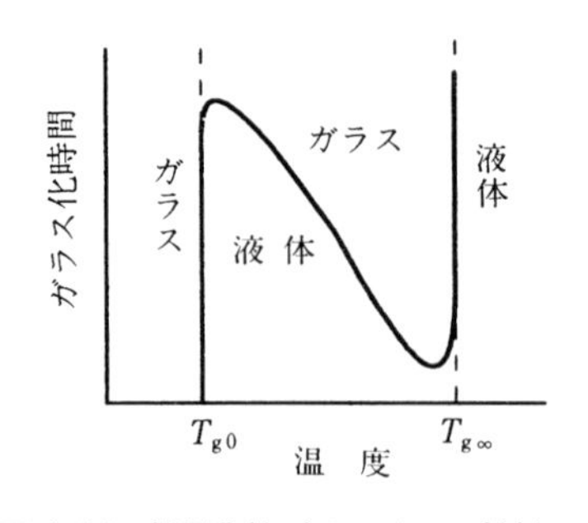

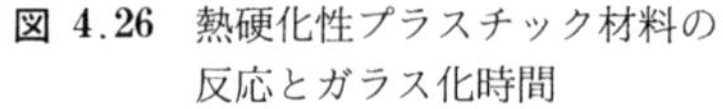

図 4.26 熱硬化性プラスチック材料の反応とガラス化時間

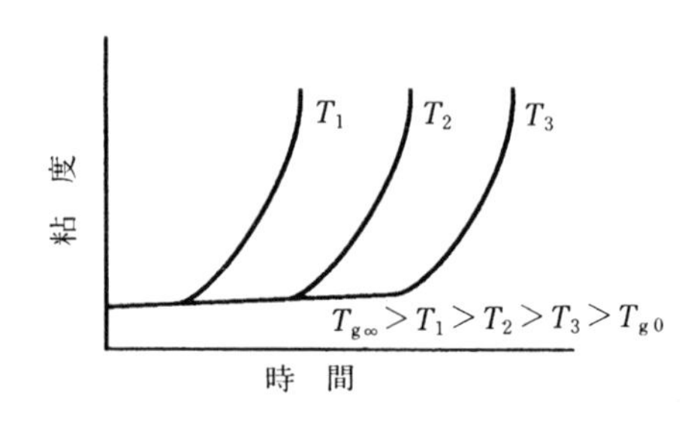

図 4.27 熱硬化性プラスチック材料の一定温度での粘度の時間変化

はむずかしいが，成形加工では降温過程あるいは昇温過程を使用することが一般的である．降温過程は，ほぼ結晶化の拡散律速過程と同様に考えてよい．一方，昇温過程では材料の粘度変化に熱硬化性プラスチック材料の特徴がよく現われ，図4.28のように，最初温度上昇に伴う粘度減少があるが，やがて分子量の増大による粘度上昇の方がまさり，さらに温度を上昇させるとガラス転移点のより急激な上昇によってより急激に粘度が上昇しガラス化する．

熱硬化性プラスチック材料は，形状の安定化と高強度化を図るため，しばしばガラス，炭素繊維，シリカ粒子などとの混合系で，いわゆるコンポジットとして使用される．この場合には熱可塑性プラスチック材料のコンポジットに比較して，非常に良好な形状安定性をもっている．しかし，これらの充填剤は架橋反応速度を小さくする効果があるので，固化が遅くなる．そこで，これらの成形加工では，しばしば，温度を上昇させ材料の架橋反応を促進させて加工している．

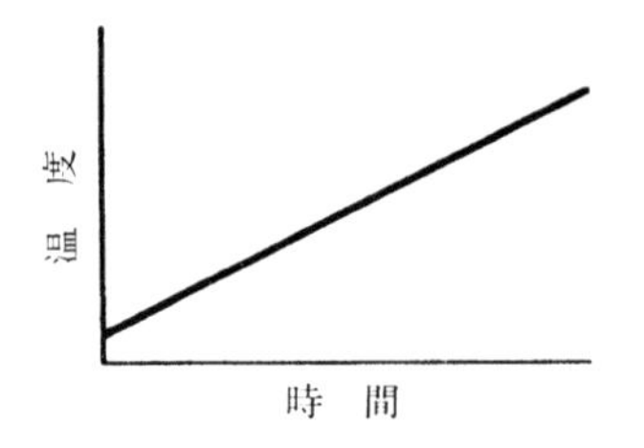

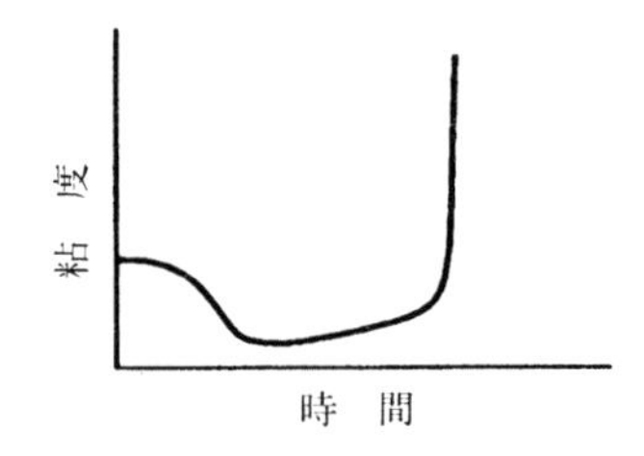

図 4.28 熱硬化性プラスチック材料の一定昇温での粘度の変化

また，コンポジットで問題となるのは，充塡剤と熱硬化性プラスチック材料との界面である．一般に，これらの界面での相溶性が悪い．そこで，充塡剤の表面積を多くしたり，化学的な処理をしたり，界面活性剤を添加したりして，界面での相溶性を増し，より安定した形状固定の工夫がなされている．

成形加工の工程中での反応を利用したものとして，反応射出成形(reaction injection molding(RIM))がある．反応射出成形では，上述の熱硬化性プラスチック材料の成形のみならず，熱可塑性プラスチック材料に反応性成分(モノマー)を添加して，成形加工中に特徴的な分子構造あるいは微細構造をもたせる成形を行うこともある．

4.3　複合系プラスチック材料の形状固定

複合系プラスチック材料としては，プラスチック材料と無機材料との複合(不均一系)，プラスチック材料とプラスチック材料の複合(不均一系と均一系)，プラスチック材料と低分子量の液体との複合(不均一系と均一系)，プラスチック材料と気体(不均一系)との複合などが考えられる．

無機材料との複合は，熱可塑性プラスチック材料，熱硬化性プラスチック材料とも非常に多く使用されている．熱硬化性プラスチック材料については前節で少し触れた．ここでは，熱可塑性プラスチック材料について簡単にまとめる．

熱可塑性プラスチック材料と無機材料の複合系の場合，無機材料は流動化しないので，その固化はプラスチック材料の固化が支配的である．材料の結晶化あるいはガラス化によって固化する．このような材料内に無機材料を混合させると，無機材料はこれらの固化を促進させる．その理由は，無機材料が結晶核として働くことが多いからである．

固化後の成形品の内部構造と物性は，充塡剤の形と濃度で大きく変わる．繊維充塡剤の場合，繊維の配向方向に高強度で低い熱膨張率となる．一方，配向繊維と垂直方向には低強度で高い熱膨張率となる(**図 4.29**)．充塡剤が球形でも，濃度分布に異方性があれば，それに従って熱膨張率の異方性も発生する．これらのことで，無機材料充塡系の成形品は固化温度と使用温度との差によって生ずる残留応力が発生しやすく，固化不良である そり が発生しやすい．

異なるプラスチック材料の混合系は，ブレンドあるいはアロイとよばれてい

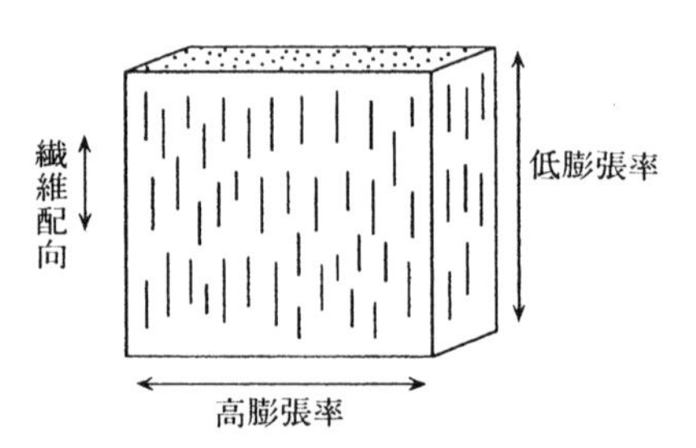

図 4.29　FRP での熱膨張係数の異方性

る．これらの混合は，１本の分子鎖内での混合(共重合)，分子鎖間の混合(相溶性ブレンド)，プラスチック材料のマクロな領域での混合(非相溶性ブレンド)とがある．

非相溶性ブレンドは主に海島構造をとり，島(粒子)の大きさは混練の強さで変化する．すなわち混練を強くするほど小さな粒子分散系となる．さらに，第三成分としての相溶化剤を添加することによっても，混合の粒子の大きさを制御できる．この混合における粒子の大きさの制御は，成形品の性質，特に衝撃強度などに大きく影響する．

さて，前２者の相溶化部分は均一系として取り扱えるが，ブレンド全体としてみれば，成分分率と温度によって均一混合系にも不均一混合系にも変化する．この挙動は形状の固定化にとって重要である．

いま，２成分の相溶性プラスチック材料のブレンドの例を考えよう．片方の成分の分率を横軸に，温度を縦軸にとると**図 4.30** が描ける場合がある．ガラス

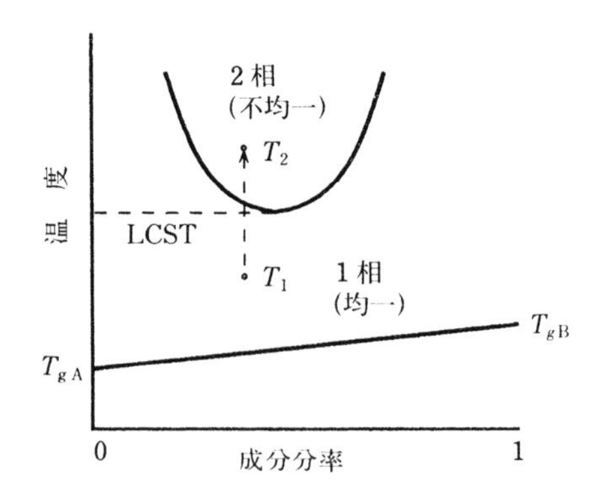

図 4.30　２成分系のガラス転移温度と相分離温度

転移点は加成性が成り立ち，図のようにほぼ直線で表せる．ガラス転移点より高温では，互いに相溶し合った均一系の1相部分がある．ある成分分率では少し高温になると，もはや相溶化状態をとれなく，相分離を始めて，2相からなる不均一系へと転換する．この相分離を始める最も低い温度をLCST(lower critical solution temperature)とよんでいる．このような系では，成形加工中に一定時間の間，高温に保ってから急冷すると，相分離過程の途中の構造で製品を得ることができる．**図4.31**のように高温で保つ時間の違いにより，できる構造が異なることになる．2成分の組み合わせによっては，反対の低温の方が相分離しやすい系もある．

また，結晶化と同じように，圧力あるいは流動によって相分離を始める温度が変化する．流動による例を**図4.32**に示した．この場合には流動によって，相分離温度がより高温となる．たとえば，図4.32のように成形機のスクリュー内をある温度に保っておくと，最初は2相系であるが，流動を開始するに従って，臨界温度が上昇し，1相の均一系に変化して流動する．これが金型のなかに入ると，流動はほぼ停止し，元の静止状態の臨界温度に下がってくる．そうすると，ブレンドは2相に相分離を始める．相分離構造が設計した大きさになったら，金型を急冷すれば，材料がガラス化あるいは結晶化して，この構造を維持した状態で固定化できる．

プラスチック材料は，流動化を助けたり，高性能化を図るために低分子固体を混合することがある．PVC(ポリ塩化ビニル)などがその代表例であるが，これら混合系の固化は，2種のプラスチック材料の混合と同様に扱えることが多い．特殊な例としては，流動固化の際，低分子物の濃度分布を成形条件で制御できる．具体的には，導電性材料や耐候性助剤などでは，これらの濃度分布の

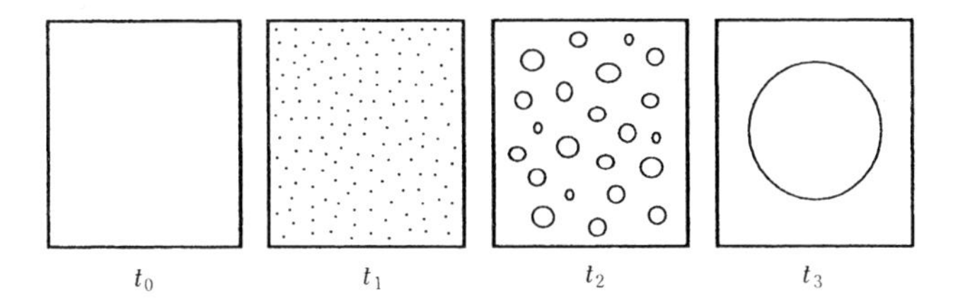

図 4.31 図4.30において T_1 から T_2 へ温度変化したときの相分離構造

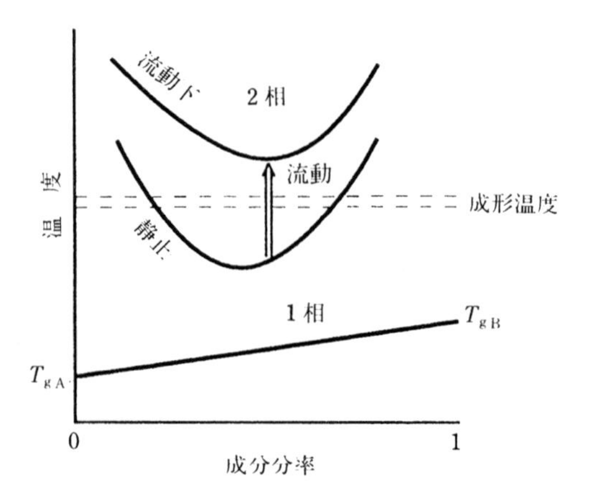

図 4.32　相分離温度に対する流動の影響

最大部を成形品の表面付近にもってくることがなされている．もう1つの例は，低分子物がプラスチックの結晶化のときの核剤(nucleating agent)として働き，固化および固化後の微細構造制御がなされている．これらについての詳細は第III巻を参照されたい．

プラスチック材料と低分子液体との混合系は，通常，溶液として流動化し，固定の際には溶剤を取り除くことが多い．このような混合系はフィルムや繊維に多く用いられている．この場合には，液体の除去の速度によって，形と内部構造が大きく異なる．すなわち，ゆっくりした除去では比較的均一に収縮して形状を固定化できるが，速く除去すると形が複雑になるとともに内部にボイドができる．フィルターなどの製造ではこの液体除去速度によってボイドの大きさを制御している．

プラスチック材料と空気との混合，あるいは気体を発生させるものとの混合は，いわゆる発泡成形として知られている．この場合の形状の固定化も原理的には，結晶化かガラス化を使用している．しかし，泡の形は結晶化あるいはガラス化以前の流動状態で固定化することが多く，材料と成形条件の選択が重要となる．

第5章 「流す・形にする・固める」によって発現する機能
プラスチック成形加工での機能製品製作のための必要事項

プラスチック成形加工では，プラスチック材料に製品の形を付与するのみならず，製品の機能をも付与する．ここでは機能性の付与を機能性の種類で分類し，それを発現する構造，およびその構造を実現するにはどのようなプロセスと材料が適しているかを，考えることにする．また，狭い意味での“機能”という用語は異なる物理量の変換に対して用いられており，同じ物理量での程度の比較には“性能”が用いられるが，ここでは“機能”と“性能”を区別せず，まとめて広い意味での機能として使用した．

5.1　高弾性，高強度

弾性率と強度とは一般に相関があるから，高強度を得るには，まず弾性率を高くする必要がある．そこでこの節では主に弾性率をとりあげる．

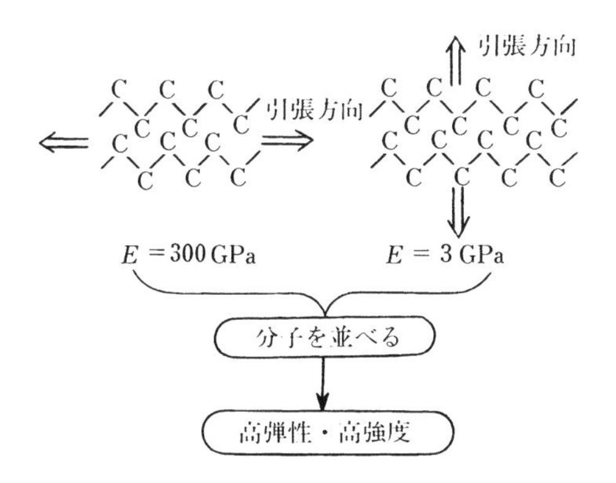

図 5.1　PE 結晶の高弾性率化・高強度化

プラスチック材料の弾性率を考えるときには，プラスチック材料が長い分子鎖からなっていることに常に注意しなければならない．というのは，**図5.1**に示すように結晶における高分子鎖方向への弾性率は，垂直方向(高分子鎖間方向)の弾性率に比較して，2桁も大きいからである．したがって，成形加工で高弾性率化・高強度化を実現しようとする際には，高分子鎖をどのように並べるかが，成形加工における構造制御としてすべきことがらである．また材料のなかに弾性率が異なる成分がある場合には，高い弾性率の成分をいかに多く，効果的に配列するかが，もう1つの重要な成形加工の課題であるといえる．

5.1.1 非晶性プラスチック材料

ガラス転移点以上の材料の弾性率は第2章で述べたゴム弾性で決定される．このときには，熱可塑性プラスチック材料では成形加工によって構造制御することはむずかしい．熱硬化性プラスチック材料では，成形加工中の架橋の程度を増加させると弾性率を増加させることができる．

非晶性プラスチック材料は，ガラス転移点以下で使用することが多い．したがって，非晶性プラスチック材料の成形品では，高分子鎖を配向させることで高強度成形品を得ることができる．フィルム成形，紡糸などは高配向の成形品を得るのには最も適した方法である．成形加工工程では，固化するときの応力の異方性を大きくしており，高配向成形品を得ている．流動状態においての分子鎖の配向は応力に比例することを思い出していただければ，このことが容易に理解できる．しかし，このようにすると残留応力が大きくなり，製品によっては好ましくないことが多い．

5.1.2 結晶性プラスチック材料

結晶性プラスチック材料の成形加工で制御できるのは，結晶化度，微結晶の配向，微結晶の形と結晶間の非晶分子鎖の配向などである．

図5.2に示すように，結晶は非晶のゴム状態よりも弾性率が非常に大きいのはもちろんのこと，非晶のガラス状態よりも弾性率が高い．特に配向した結晶の弾性率はガラス状態の弾性率よりも2桁程度高い．単純には**図5.3**に示すように分子鎖方向の弾性率は結晶化度に比例する．また，同じ結晶化度では分子鎖方向の弾性率は結晶の厚さにも比例して増加する．すなわち，結晶の厚さが大きくなると，結晶の厚さ方向の非晶の割合が少なくなる．そうすると，少ない

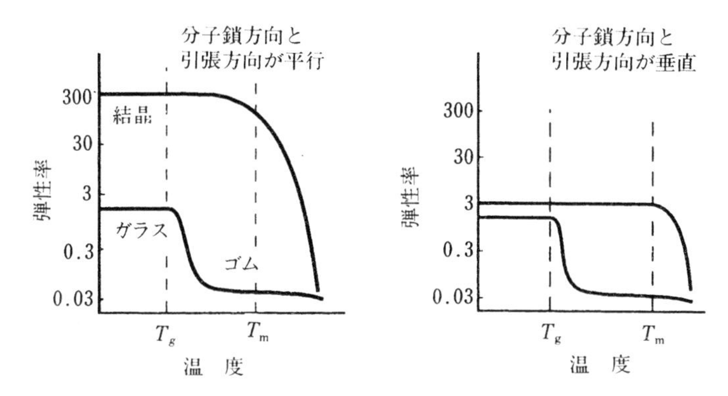

図 5.2 プラスチック材料の結晶と非晶の弾性率の温度依存性

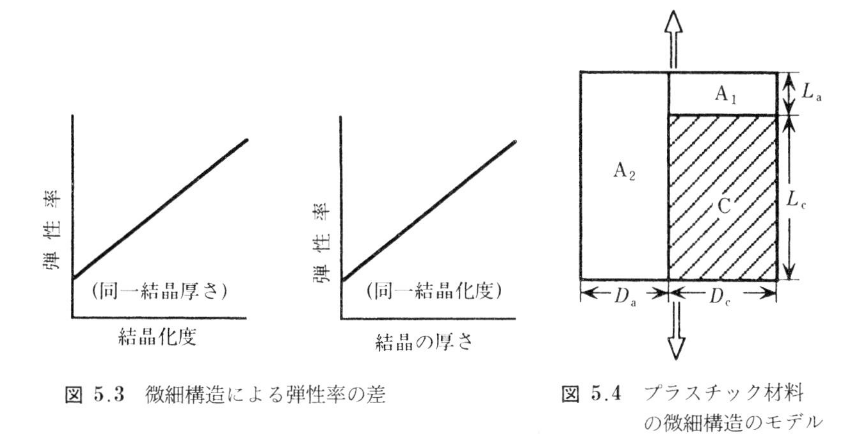

図 5.3 微細構造による弾性率の差

図 5.4 プラスチック材料の微細構造のモデル

非晶が全体の変形の大部分を担わなければならなくなり，その部分が大変形を受け，全体としては弾性率が大きくなる．これらを，単純なモデルで表したのが**図 5.4** である．弾性率や強度には，図の A_1 の部分の非晶の配向，面積，厚さが重要となる．プラスチックでの図 5.4 の各パラメータは X 線回折と密度測定によって算出できる．

それでは，どのようにすれば結晶化度を高めることができるのであろうか．

まず，材料を選ぼう．立体規則性のよい，分子欠陥の少ない高分子鎖からなるプラスチック材料を選ぶことが高弾性率の必須条件である．さらに，高強度には分子鎖の長い高分子量のプラスチック材料が非常に有効である．

つづいて，成形条件であるが，これには，温度，応力，圧力を組み合わせる必要がある．最適条件はCAEによって見いだすことができるだろう．必要条件は結晶化速度をできるだけ高めておいて，その条件でできるだけ長時間を保持して，十分に結晶化させることである．温度と圧力の点では最適条件が材料によって決まっており，流動応力は高い方が結晶化速度を高める．

結晶の厚さに関しても結晶化度と同様なことがいえる．ただ，結晶の厚さは結晶化温度が高いほど厚くなる．

結晶の配向は結晶化のごく初期の応力状態で決まる．いつ，どのような条件で固化させるかがやはりポイントであり，これもCAEの助けが必要である．

全芳香族ポリエステル系共重合体のような主鎖型液晶性プラスチック材料は，この結晶配向があまりにも高度なため，配向方向に対して垂直方向の弾性率・強度が非常に弱い．主鎖型液晶性プラスチック材料の場合には，配向をあまり高めない工夫が必要である．

結晶間の非晶分子鎖の配向，あるいは結晶間の緊張した分子鎖は高弾性率化・高強度化に対して最も効果的ではあるが，この制御はむずかしい．結晶化過程の全体を通して，流動応力を印加した状態を保つことが重要である．特に，結晶化過程の後期で流動応力を取り除くと，非晶域の分子鎖は容易に緩和する．

紡糸やフィルム成形では，ほぼ一定張力下で固化させるので非晶分子鎖を配向させるのに適した成形法である．しかし，繊維やフィルムでは，紡糸工程やフィルム成形工程で得られる配向度では高弾性率・高強度を得るまでには至らない．そこで，延伸工程と熱処理工程がこれらの工程に引き続いてなされる．

繊維を例にして考えると，延伸工程は紡糸後に得られた未延伸繊維に対して，融点以下，あるいは非晶性繊維の場合はガラス転移点以下の固体状態で伸長変形を加える作業である．ここで，重要なことがらは，固体の塑性変形を安定して発生させることと，高配向を得るために高い引張応力を繊維に与えることで

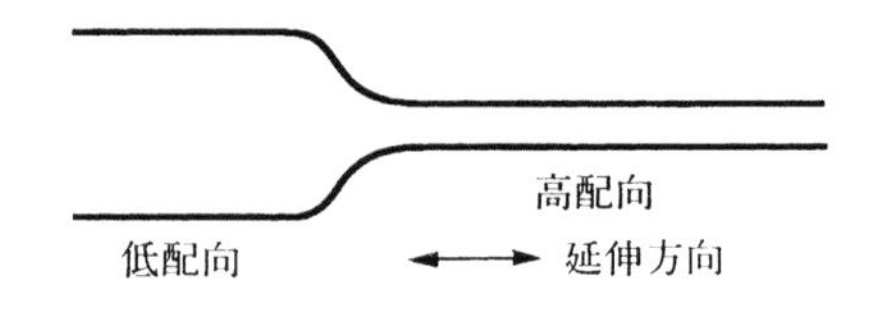

図 5.5 延伸によるプラスチック材料の変形

ある．多くの延伸工程で，繊維は**図5.5**に示すようにネック状の変形をする．このネック発生で発熱もあるが，高分子鎖の再配列が起こり，高分子鎖の高配向化と高結晶化を伴う．

延伸後の繊維は配向の点では十分であるが，それを固定化すること，およびその結晶化度を高めることは，高弾性率・高強度繊維を得るのに必要不可欠なものである．ここでは，融点以下のなるべく高い温度に試料を保持して結晶化を促進させる．このとき，応力を印加した状態での定張力熱処理と応力を印加しない自由長熱処理とがある．高弾性率化・高強度化には前者の定張力熱処理が有効である．

5.1.3 複合系プラスチック材料

ブレンド，アロイ，コンポジットなどの複合系材料のいずれでも，高弾性率の成分を多くすることと，その成分を配向させることが高弾性率化・高強度化にとって重要である．

プラスチック材料の弾性率・強度を増加させる最も簡単な方法として，炭素繊維やガラス繊維との複合化がある．これらの成分を増せば増すほど弾性率が増す．また，充填繊維の配向は成形加工工程での流動の全変形量によって制御できる．そこで，射出成形などでは金型の形状，ゲートの位置を工夫して，必要なところに配向をもたせることができ，これらにはCAEが非常に有効に使用されている．

ここで，充填繊維の配向は変形量で一義的に決まり，高分子鎖の配向は応力で一義的に決まる(**図5.6**)ことをうまく利用すれば，力学的性質を制御した成形品の製造が可能となる．

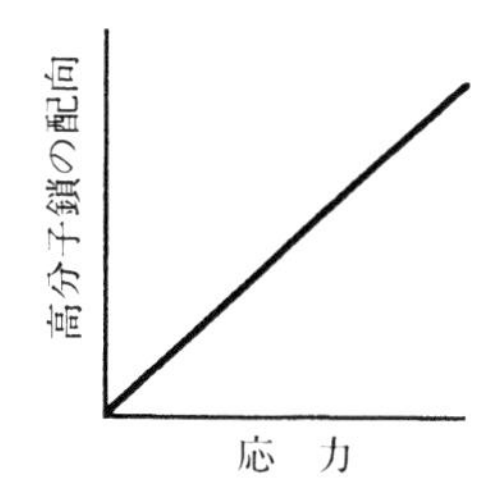

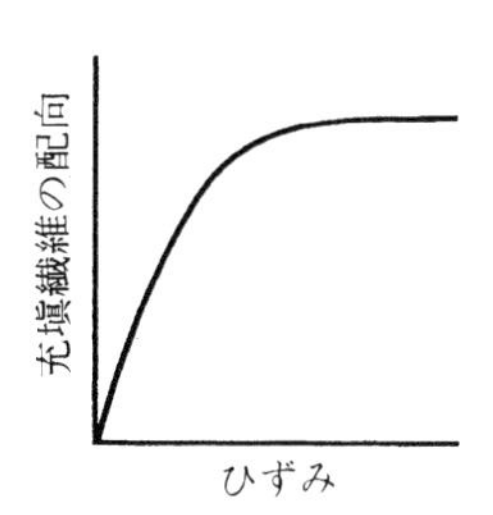

図 5.6 各種条件で流動させたときのプラスチック材料の高分子鎖と充塡繊維の配向度，高分子鎖配向は応力で，繊維配向はひずみで整理できる

これらの成形加工工程の立場では，各成分の分散性を向上させること，特定の分散構造をもたせることなどが複合系の成形加工の課題である．これらについての詳細は第Ⅳ巻を参照されたい．

5.2　耐衝撃性

プラスチック材料を実際に使用するときに，製品の寿命が問題となるが，これには耐衝撃性が重要なパラメータとなる．日本にPEやPPが普及し始めたころには，この問題にあまり関心をもたなかったため，多くの日本人がプラスチック材料に対して悪いイメージをもつようになった．「ポリエチのバケツは壊れやすい」がその典型であった．これは成形品に大きな球晶が存在し，球晶界面が非常に弱いことに主な原因があった．

成形品の耐衝撃性を向上させるためには，まず材料面での工夫をすべきであろう．分子量を大きくすること，高分子鎖に欠陥を導入すること，共重合体にすること，ブレンドや充填系にすること，高分子鎖の分解を避けるようにすることなどが主な対策である．

分子量を増大させると流動性が極端に悪くなるので，実際には，分子量分布を広くして，高分子量成分を導入している．

高分子鎖の分子構造を制御するのは非常に有効である．ランダムあるいはブロック共重合体にして，結晶部分に入れない動きやすい成分を主鎖中に導入することは，耐衝撃性を増す．

ブレンドや充填系もよく用いられ，ABSのようにゴム成分を粒子状で混合した系やガラス粒子などを混合すると耐衝撃性が増大する．これらは主に，外力のエネルギーを分散させる役割をしている．

成形加工工程の点では，まず残留応力を少なくすることである．残留応力を減少させるにはCAEの助けを借りて，固化温度と固化時の流動応力を制御する．ブレンドや充填系の場合には，分散構造の制御が有効である．

5.3　光学特性

光学機能としては透明性(transparency)の向上が代表例で，このほかには，高屈折率化，高複屈折化，位相差の均一化，高散乱化，発色，発光，カメレオン

(色の交互変化)など数多く挙げられる.

透明性はフィルム，光ファイバー，レンズなどの用途に重要である.

まず，フィルムの透明性では，材料として非晶性プラスチック材料を用いればかなりの点で解決する. 結晶性プラスチック材料でも，短鎖分岐の導入や，増核剤の導入によって，球晶の大きさを制御して透明度の高いフィルムを得ることが可能である. メタロセン触媒を用いると，短鎖分岐を制御したポリオレフィン(polyolefin)を合成することが可能である.

フィルムの透明化では成形加工工程で注意すべき主な点が2つある.

第1点は，球晶の大きさをなるべく小さくして，光の波長以下にすることである. これには T_g 近くの結晶化条件で固化させれば，球晶あるいは微結晶を大きくせずに固化させることができる. 増核剤の使用も球晶を小さくさせる効果がある.

他の点は表面の問題である. これは表面の球晶を小さくすることと，幾何学的に表面を平滑にすることである(**図 5.7**). フィルム成形では押出温度と押出吐出量のむら，冷却のむら，引取張力のむらなどが，表面平滑性を向上させるときに障害となる可能性がある. これらは互いに独立ではないので，製品の表面のむらをみて，どの成形条件を優先させて透明性を向上させるかを決定する必要がある.

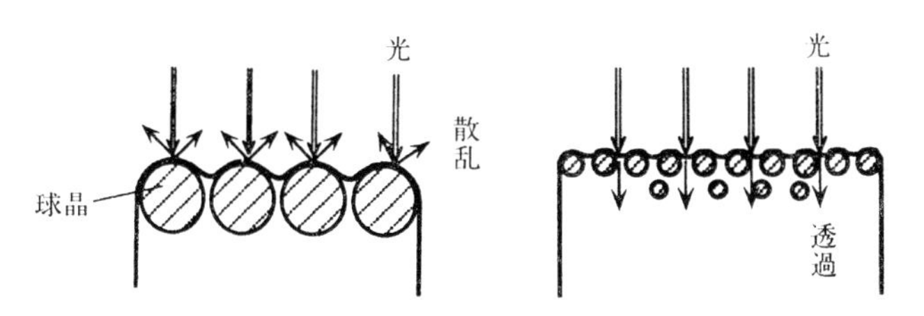

図 5.7 プラスチックの表面凹凸と光の透過性

光ファイバー(optical fiber)は，屈折率が異なる2層からなるステップインデックスタイプと1層で屈折率を半径方向に変化させたグレイデッドインデックスタイプとがある. いずれも，材料の点では非晶性プラスチック材料であり，通信などに使用する光の波長領域で特性吸収がないような分子構造あるいは元素を選ぶことから始まる. 成形加工工程では，純度と均一性を最も重視して製造

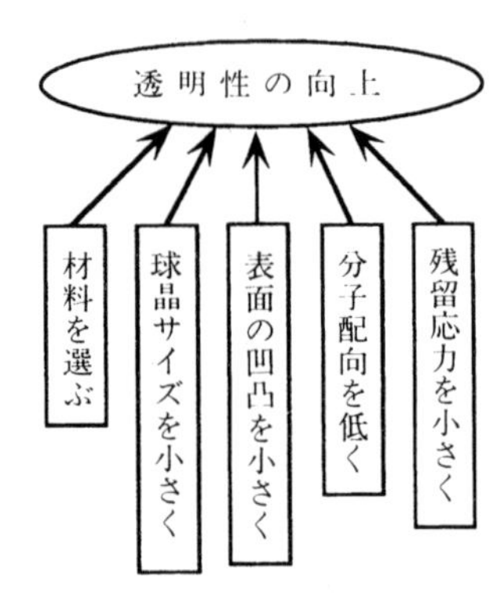

図 5.8 透明性プラスチックの成形に必要な条件

する．

光学レンズはコンタクトレンズ，映像用レンズ，照明器具，光学通信用素子などの分野でニーズが大きくなっている．材料としては高純度の非晶性プラスチック材料を用い，分子配向と残留応力を少なくして，表面の転写性を良好に保つことが均一な屈折率をもった透明レンズをつくるポイントである(図 5.8)．このためにレンズなどには射出圧縮成形などが使われてきている．また，CAE を利用した金型設計，成形条件の設定などが特に重要である．

高屈折率化は，材料の点では原子量の大きい元素を高分子の中に導入することが1つの方法であり，成形加工工程の点では，徐冷と高圧下での固化が成形条件のポイントである．

高複屈折化は，分極異方性の高いモノマーを使用したプラスチック材料を使用することと，固化の際にできるだけ流動応力の異方性を大きくすることの2点が必須条件である．

カラー液晶ディスプレイなどでは位相差板を用いているが，この作製には配向むらと厚みむらが問題となる．成形の際に発生する各種のむらを極力なくすように材料設計，成形機の設計，成形条件の設定が必要である．これらの組み合わせでむらを軽減できる方法がいくつかあり，どの組み合わせがよいかはそれぞれのケースで異なる．

一方，透明性とは逆に不透明性も役に立つ．たとえば高散乱化もディスプレイ用に使用されている．この場合には微結晶，ボイド，充填剤などによる光の散乱を利用している．微結晶とボイドでは，いずれも大きさが可視光の波長の全領域にわたって存在するように成形条件を選ぶ必要がある．微結晶の制御ではCAEが有効であるが，ボイドの制御はまだノウハウの領域である．このボイドの制御はPP(ポリプロピレン，polypropylene)，PTFE(テフロン，polytetrafluoroethylene)，PVDF(ポリフッ化ビニリデン，poly(vinylidene fluoride))などで行われており，精密フィルター，合成紙，人工臓器などに応用されている．充填剤を用いる方法は粒子の選択と分散性の向上で解決でき，比較的容易である．

発色は光の干渉を使う方法があり，成形品の一部分に微小間隔の密度の周期性を導入すると発色する．実際にはかなりのテクニックが必要である．

発光とカメレオンは材料自身にこの仕掛けが必要であり，いまのところ成形加工での問題を議論する段階にはない．

5.4 熱 特 性

プラスチックでの熱機能性としては，耐熱性の向上が主である．このほかには高熱伝導性，低熱伝導性，熱ふく射性，熱膨張係数の調整などが挙げられる．

耐熱性の向上は材料の改善が最も重要であり，これまでも多くの努力がなされている．

分子構造の点では芳香環，しかも主鎖に直線的にパラ位で結合した高分子鎖は分子鎖間の凝集力が強く，耐熱性に優れている．これらの主鎖に対して，側鎖に水素結合の導入を図ると，さらに分子鎖間の凝集力が上がり耐熱性が増す(図5.9)．PPTA(ポリパラフェニレンテレフタルアミド，ケブラー)はその典型例である．

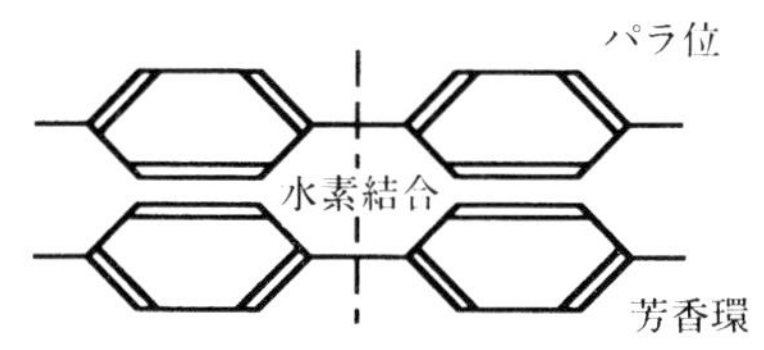

図 5.9 耐熱性プラスチック材料の分子構造

高分子鎖構造の点では，分子鎖を長くすることと架橋の導入が耐熱性の向上に有効である．これによってガラス転移点が上昇することは第4章で述べた．

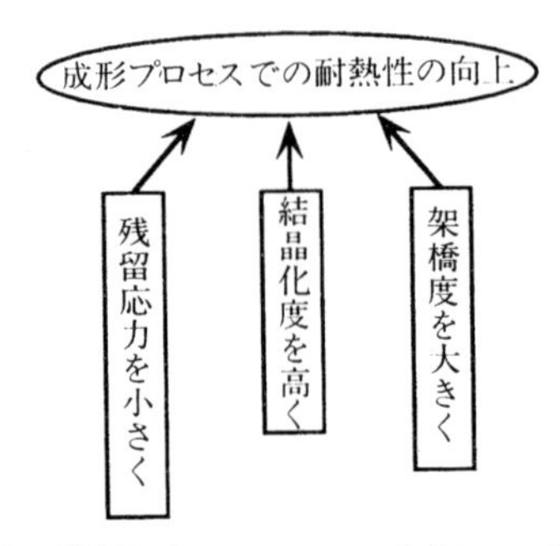

図 5.10　耐熱性プラスチックを成形加工で得る条件

材料構造の点では無機充塡剤の添加が有効である．特にガラス繊維などの L/D(長さ/直径)の長いもの，あるいはそれらの織物，不織布，編物などをプラスチック材料と混合すると，プラスチック材料が流動を始めても，あるいは分解を始めても，材料全体としてはさらに高温まで強度を保つことができる．

しかし，これらのいずれの材料も成形加工がむずかしいものが多い．したがって成形品の耐熱性を向上させることは，成形困難な材料に対していかに「流す・形にする・固める」の作業を施すかを意味するといっても過言ではない．

成形加工プロセス自身で耐熱性向上の効果をもたせるには，小残留応力，高結晶化度，高架橋度などがある(**図 5.10**)．これらについての成形条件の基本的な

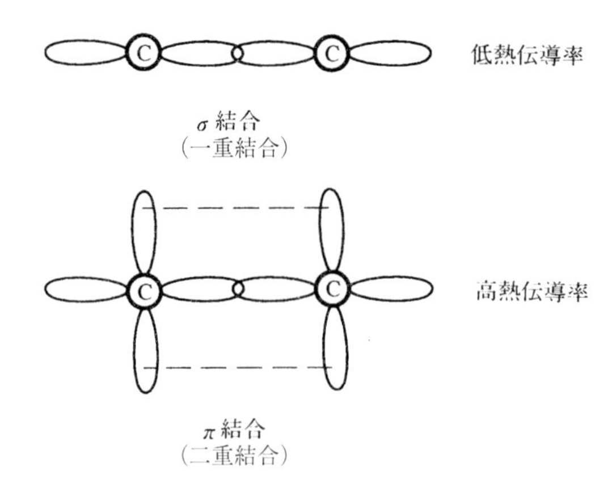

図 5.11　分子構造と熱伝導率の関係

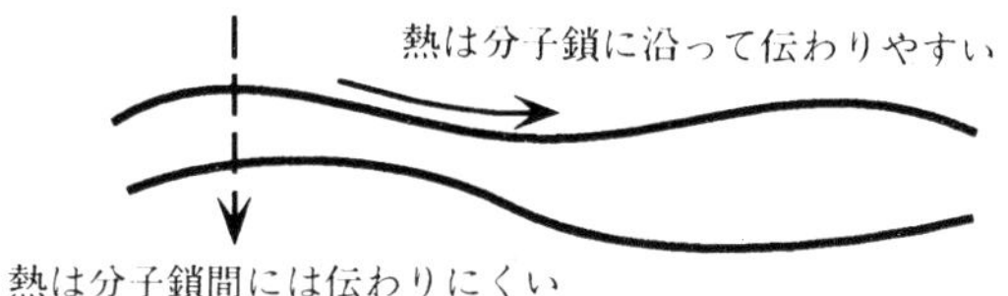

図 5.12 高分子鎖でみたプラスチック材料の熱の伝わり方

考え方は第 4 章を参考にしていただきたい．

プラスチック材料の熱伝導性を分子構造の点で考えると，σ 結合（一重結合）のみからなる高分子鎖は低熱伝導性であり，π 結合（二重結合）を含む高分子鎖は高熱伝導性である（**図 5.11**）．したがって，PTFE や PE は熱伝導率が低く，液晶性プラスチック材料や炭素繊維などは熱伝導性が高い．

高分子鎖でみると，分子鎖の方向は分子鎖に垂直方向に比べて熱伝導率が高い（**図 5.12**）．いい換えると分子配向で熱伝導性を制御できる．これは成形加工にとっては比較的容易であり，成形条件によっては，特定の方向に熱伝導率がよくて，他の方向には熱伝導率が低いプラスチックをつくることが可能である．配向の制御の基本的考えは第 4 章と本章の第 1 節に述べた．

低熱伝導性を得るには PTFE や PE を使用し，不純物をできるだけ少なくすることがポイントである．しかし，最も効果的に熱伝導率を低下させるには，真空か気体を利用することである．真空はむずかしいのでプラスチックでは空気を利用している．発泡プラスチックがこれに相当する．ある程度強度を保って，いかに独立泡を数多く，しかも気泡の体積分率が多いプラスチックをつくるかが成形加工のポイントとなる．このプロセスでは材料が最初，非常によく伸び

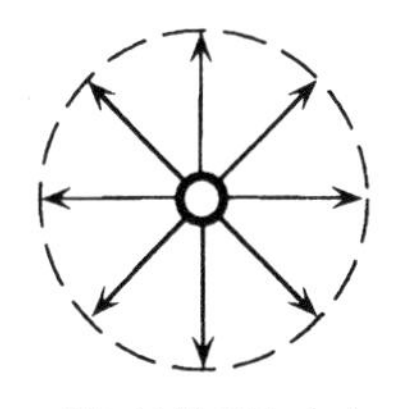

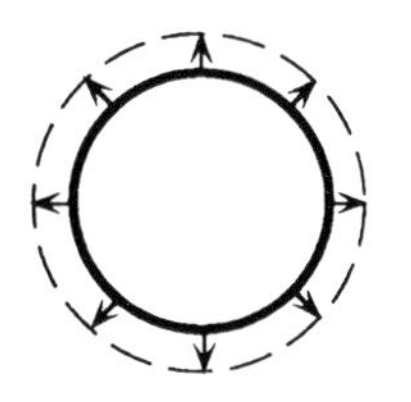

図 5.13 独立泡からなるプラスチック製品をつくる条件

て，ある厚さになるともはや伸びなくなることが必要である(**図5.13**)．ある厚さ以下になっても，さらに伸びると独立泡をつくらず，連続した泡になりやすいからである．これには材料と成形条件との両方の点で多くの工夫がなされている．具体的には，長鎖分岐の導入とか，ガラス転移点付近の粘度の急激な上昇を利用するなどである．

プラスチックでの熱伝導性をよくするには分子構造と高分子鎖構造も影響するが，さらに大きく効果があるのは金属粒子や炭素粒子などの充填である．熱伝導性のよい材料をより多く充填すれば，熱伝導率が上昇する．熱伝導率の異方性をもたせたいときでも，これらの粒子の配列を制御することで達成されるが，さらに効果的なのは，炭素繊維などの異方性充填剤を使用してその配向を制御することであろう．

さらに，電子産業では高熱伝導率で高抵抗率の材料に対するニーズがある．大半の場合が，電気伝導の担い手が電子であるため，熱が電子によって運ばれている．したがって，熱伝導の担い手を格子振動によるものに変更する必要がある．この場合には分子鎖の配向が重要な役割を果たすこととなり，成形条件が重要となる．

プラスチック材料の熱ふく射は赤外線の吸収に関係する(**図5.14**)．したがって，ふく射率の高い材料は赤外線の波長領域で特性吸収が大きい分子構造とすれば

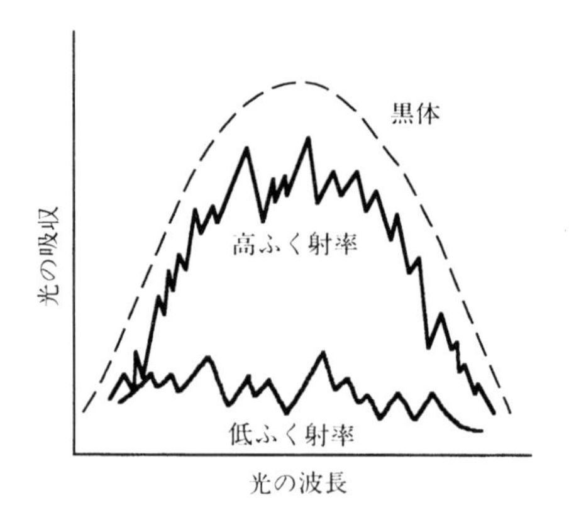

図 5.14　プラスチックの赤外線領域での吸収特性

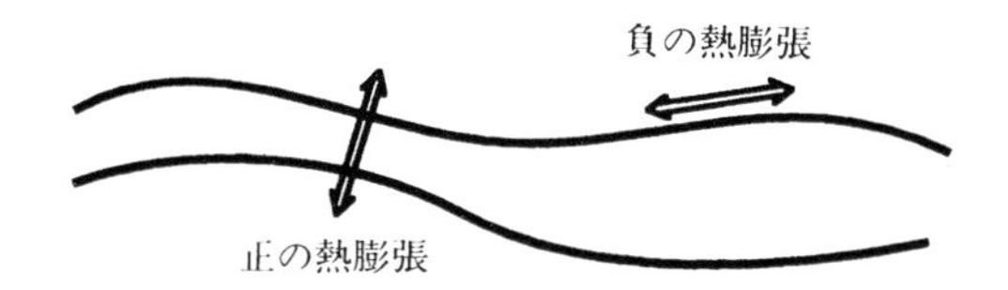

図 5.15 高分子鎖の熱膨張係数

よい．最も効果的なのは，π 結合の連鎖を主鎖に導入することである．もちろん，金属粒子や炭素粒子などの充塡や塗料の使用も効果的である．さらに，織物構造のように，赤外線の波長程度の凹凸を表面につくることでも効果が得られる．これは，金型での転写性などで成形加工プロセスが有効に使える．逆に低ふく射率のプラスチック材料は，赤外線を透過しやすい状態にすればよい．薄い PE フィルムなどはこの典型である．

熱膨張係数の調整も多くのプラスチック製品で要求されている．これに対応するには，プラスチック材料の分子構造を考える必要がある．一般に高分子鎖間は正の熱膨張係数をもち，高分子鎖の方向には負の熱膨張係数をもつ(**図 5.15**)．また，PE などの脂肪族分子鎖より芳香族分子鎖の方が分子鎖間の熱膨張係数が小さい．したがって実際の成形品では，これらを組み合わせると熱膨張係数を調整できる．成形加工プロセスの点からでは結晶化度，配向度によって熱膨張係数を制御できる．結晶の方が非晶より熱膨張係数が低いし，配向したものの方が無配向物より熱膨張係数の異方性が高い．

5.5 電気・磁気特性

プラスチックの電気・磁気特性のうち重要なのは導電性，静電気特性，耐電圧特性，磁性などであろう．このほかにも圧電性，焦電性などがあるが，プラスチックでの占める割合が小さい．

導電性プラスチック材料は，ポリアセチレン(polyacethylene)やポリピロール(polypyrole)などのように主鎖に π 結合をもち，しかもその分子鎖方向の原子間距離が近ければ，導電性が向上する．ポリアセチレンなどはヨウ素や金属を少量混入(ドープ)して導電性を出している．これらの導電性プラスチック材料のなかには成形加工が可能なものも出てきており，成形加工の方法によってはある方向には導電性で，他の方向には絶縁性となるプラスチック製品も成形可

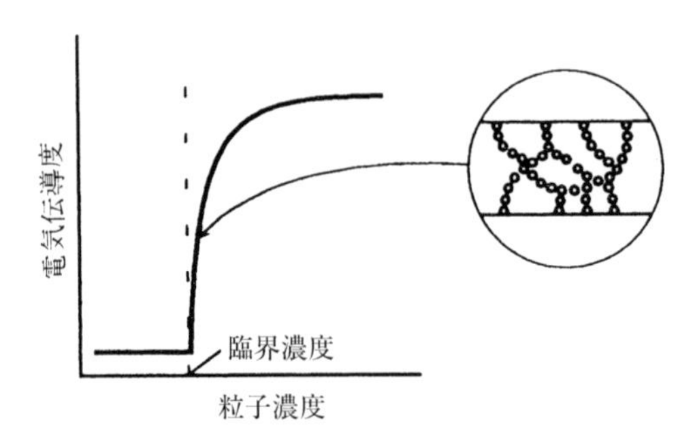

図 5.16　プラスチック材料に導電性粒子を入れたときの導電特性と構造モデル

能となる．

材料で導電性をもたすには，熱伝導性と同様に金属粒子や炭素粒子をプラスチック材料に複合させるのが容易である．この場合，**図 5.16** に示すように，ある臨界濃度から突然に導電性が向上する．この臨界濃度は粒子の種類や大きさ，形状，さらに温度によっても異なるが，いずれの場合も類似の導電特性を示す．これは図 5.16 のモデルに示しているように，材料内に粒子のチェーンができて，臨界濃度で突然，電子の通り道ができるからである．成形加工方法は他のコンポジットと同様であるが，加工プロセス中に電場を印加することによって，粒子を特定の方向に揃えることができる．これによって異方導電性プラスチックができる．

多くのプラスチック材料は電気絶縁性が良好で，容易に静電気を帯びやすい．これを避けるには，プラスチック材料の分子構造の一部に親水基を導入し，これによって帯電を避ける方法がある．他の方法としては，少量の親水性プラスチック材料や，導電性プラスチック材料，あるいは金属粒子を混練して成形す

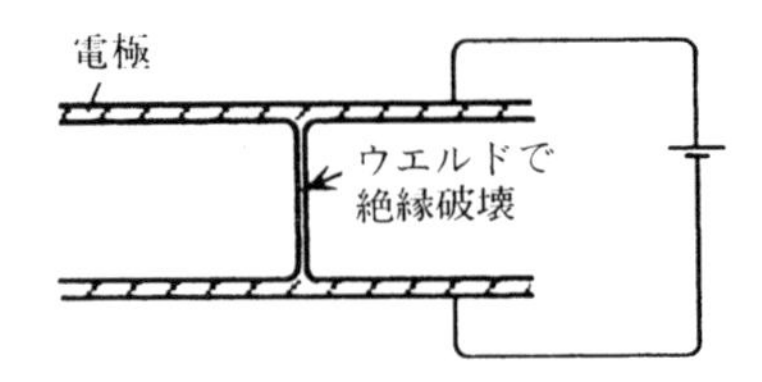

図 5.17　成形品での絶縁破壊

る方法がある．この場合には，これらの第二成分をできるだけ表面付近に集中させる必要がある．これには，成形加工中での流動による相分離や電場による相分離が有効である．射出成形などでみごとに濃度分布と形状制御した例が報告されている．詳しくは本テキストシリーズ第IV巻を参照されたい．

耐電圧性の点では，主に電子部品のようにウエルドラインや接合界面での絶縁破壊が問題となる場合(**図 5.17**)と，電線のように絶縁層自身の絶縁破壊特性が問題となる場合がある．後者はプラスチック材料自身の耐電圧性を上げると同時に，成形品でのボイドの発生や不純物の混合を避けることが重要である．材料自身の耐電圧性を向上させるにも，触媒や不純物が問題となる．前者のウエルドラインや接合界面の問題は，成形加工の成形条件でかなりの程度改善することができる問題である．ウエルドをなくすのはもちろん最善だが，ウエルド強度，いい換えるとウエルド面の接着強度を増加させることも耐電圧特性を向上させることにつながる．

プラスチック材料自身に磁性をもたせるには，安定化した孤立ラジカルを分子構造のなかに導入すればよいが，磁気強度の大きいものを得ることは現時点ではむずかしい．そこで，酸化鉄などのフェリ磁性粒子や強磁性粒子をプラスチック材料に混合する方法が採られている．この場合も成形加工中で磁場をプラスチック材料に印加することは，磁性粒子の配列構造を制御するのに重要である．

5.6　気体および液体の透過特性

プラスチック材料は，ガラス転移点以下でも自由体積をもっており，主鎖の一部や側鎖が振動している．したがって，分子サイズの小さな気体は透過可能である．また，ガラス転移点以上になると主鎖のブラウン運動が起こり，さらに自由体積が増える．これらは分子構造によって，気体透過特性が変化する．成形加工プロセスで制御できる微細構造の点では，結晶化度と配向度によって気体の透過性は変化する．

さらに大きなサイズの気体や液体の透過では，意識的に成形品にボイドをつくる必要がある．延伸などのように力学的にボイドをつくる方法と，低分子や溶媒を除去することによってボイドをつくる方法とがある．いずれの場合にも

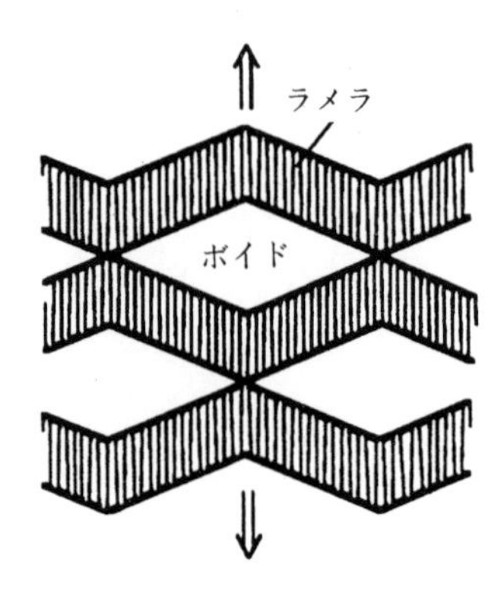

図 5.18 ハードエラスチック PP の引張った状態でのラメラとボイド構造

ボイドの大きさの制御が重要となる．前者の方法は，PP などですでに適用されており，**図 5.18** に示すように延伸によってラメラ間に間隙をつくる方法である．この方法によってできるボイドはサイズの小さいほうに相当する．人工血管などに使われている PTFE にも力学的に作製したボイドがある．さらに大きなサイズでは繊維の中心に貫通したボイドをつくるホローファイバー(中空繊維)がある．これは成形加工の特殊な技術によって作製された典型的な機能製品である．後者では，第 4 章でも述べたが，溶媒の除去速度と方向によってボイドのサイズと形を変化させることができる(**図 5.19**)．超純水の製造などに使用されているフィルターがこの例である．

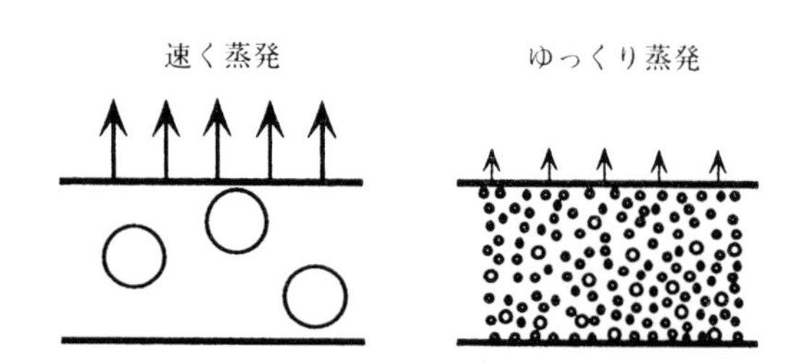

図 5.19 溶媒の除去速度とボイドの大きさ

5.7 形状機能

形そのものの機能と，形で機能をもたせるものとの 2 種類考えられるが，後者は成形加工の得意とするところである．ハニカム構造のように形状の工夫で，軽量でしかも高強度の製品がたくさんつくられている．極細繊維も形で機能をもたせた例である．眼鏡拭きなどで一般化されているが，非常に小さな断面をもつ繊維から織った布は汚れを容易にふき取ることができる．この製造方法はいくつか考えられているが，2 成分以上の材料を溶融混合紡糸し，1 成分のみをとり出すか，紡糸後に分離させるかで，非常に細い繊維がつくられている．

形そのものの機能としては形状記憶樹脂がある．この原理はガラス転移を利用するところにある．ポリノルボルネンやポリウレタンなどがその例で，ガラス転移点よりもかなり高温で成形加工し，形状を記憶させる．そして，ガラス転移点以下で使用するが，元の形に戻したいときはガラス転移点以上にする．これらはプラスチック材料自身に機能があり，それをどのようにして有効利用するかが成形加工に課せられた課題である．

第6章 「流す・形にする・固める」過程での成形不良

6.1 成形加工プロセスと不良現象との関連

プラスチック材料を所定の形状に形づくるプラスチック成形加工において，常に意識させられるのが“成形不良(failure)”現象の発現である．ひとくちに成形不良といっても，成形品に要求される精度や成形加工手法，プラスチック材料の種類などによってさまざまなものがあり，ある成形品では深刻な不良としてとらえられる現象が，別の成形品ではまったく問題にならなかったり，さらには，同じ現象を成形品の性質を改善するために利用したりすることがあるため，特定の現象を一概に不良現象として取り扱うことは不可能である．そこで，ここでは成形不良現象の定義(考え方)を，その成形品を得るために利用した成形加工プロセスと関連づけて概説し，ひいては不良現象の発現を抑止する種々の技術の理解に資することにしよう．

6.1.1 成形不良とは何か

上でも述べたとおり，“成形不良”とよばれる現象にはさまざまなものがあり，しかも，ある成形品では不良ととらえられる現象が別の成形品では問題にならないことがあるなど，現象論的に成形不良をくくることはむずかしい．そもそも，成形不良は，その名のとおりプラスチック材料を所定の形状に成形する際に生じる不良現象であるが，成形プロセスでプラスチック材料に生じている現象が“頭の中のイメージ”と異なっていてもこれを成形不良とはよばず，もっぱら最終成形品が当初想定した形状・性質と異なった場合を成形不良とよんでいる．これはプラスチック成形加工プロセスが，材料を投入すると製品が得られるというブラックボックスとして扱われているからにほかならない．すなわち，プラスチック成形加工における成形不良とは，「成形品が当初想定したものと異なること」と定義できる．

さて，実際の成形加工では，不良現象の発現を見越して，予めこれを補正するような成形によって所定の形状の成形品を得ることが行われることがある．たとえば，大型射出成形品の製造において，離型後のプラスチック材料の収縮を見越して金型キャビティを所定の形状より大きくしておく場合であるとか，表面に革シボを転写した成形品では，転写性低下を見越して予め型表面のシボ深さを所定のものより深くして良好なシボ転写を行うなどである．このような場合には，成形途上のプラスチック材料に付与した形状と最終製品に実現される形状とが異なるものの，当初予定した形状･性質の成形品が得られているから，成形不良は存在しないともいえる．

しかしながら，成形不良の要因となる現象そのものは，不良現象が明確に現れる場合と同様に発現しているから，このような場合は成形不良に含めるか否かは，その判断の基準によって意見の分かれるところであろう．ここでは，成形不良を引き起こす現象の存在を無視して，成形品の形状が成形中の材料に付与した形状と異なる場合をも成形不良に含めて考えることにする．すなわちプラスチック成形加工の本質が net-shape 成形にあるとする立場に立って不良現象を考えることにしよう．

6.1.2 成形不良を引き起こす諸現象と成形プロセスの関連

成形不良が当初想定した形状・性質の成形品が得られないことであることは上で述べたとおりである．このような現象を引き起こす要因には，成形品に生じる不良ごとにさまざまなものが存在することに加えて，現実の成形加工ではこれらが関連し合って作用するため，成形途上のプラスチック材料に生じる現象は極めて複雑であり，これらのすべてを許された紙幅の中で網羅することは不可能である．そこで，ここでは成形不良を引き起こす諸現象の根本的要因を，実用成形プロセスとの関連の観点から述べてみたい．

プラスチック成形品に発現する種々の不良現象をその発現要因から分類すると，

① プラスチック材料の固化に伴う体積変化に基づくもの

② 成形途上のプラスチック材料の固化に基づくもの

の 2 つに大きく分けられる．

前者の要因による不良現象の代表が，射出成形やプレス成形，ブロー成形の一部などで問題となる“ひけ”であり，後者の要因による不良現象としては射出成形品の“ウエルドライン”，“フローマーク”，ブロー成形やフィルム成形における“偏肉(厚さの不均一)”などをあげることができる．それぞれの要因に基づく不良現象の発現については次節以降に述べることとして，ここでは，これらの要因と成形加工プロセスの関連を考えてみる．

前者のプラスチック材料の固化に伴う体積変化は，“形にする”プロセスにおける材料の状態と，最終成形品における材料の状態が異なる成形法では必ず問題となる現象であり，溶融金属を型に流し込んで冷却・固化させる鋳造(鋳物)でも同様の現象に基づく不良現象が認識されている．

たとえば，熱可塑性プラスチック材料を使用する射出成形加工では，素材を可塑化筒内で加熱・融解してから所定の形状を有する金型キャビティ内に充塡して形状を付与し，その後に型内で材料を冷却して最終的な成形品を得ている．このときの材料の比容積(specific volume，単位質量あたりの体積＝密度の逆数)の変化を考えると，**図6.1**のように可塑化筒内で融解された材料の比容積は，材料の熱膨張や固液相変化によって一概に素材のそれより大きくなり，その状態のまま金型キャビティ内で形状が付与される．この材料が金型内で冷却され固化するにつれて材料の比容積は再び徐々に小さくなるが，材料の形状の概略はすでに規定されているため，金型内材料の比容積(体積)の減少はすなわち形状のひずみを意味することになる．このようにして発現するのがひけなどの形状

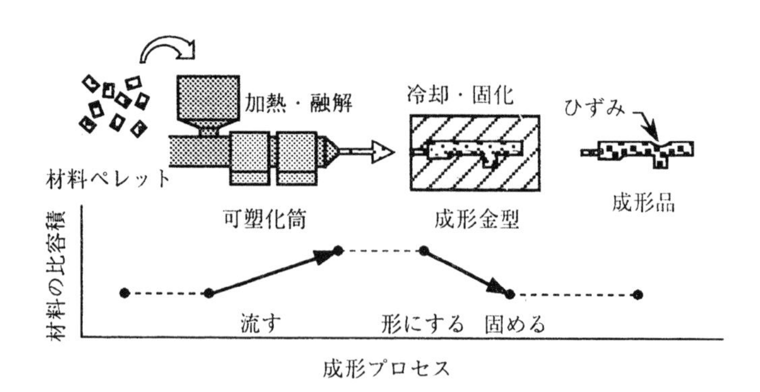

図 6.1　成形プロセスと材料の比容積(熱可塑性プラスチック)

ひずみであり，この意味で「流す・形にする・固める」というプロセスを経るプラスチック成形加工では避けがたいものである．したがって，プラスチック成形品には多かれ少なかれこの要因に基づく形状ひずみが存在するが，成形品の一部の寸法・形状精度を要求しない真空成形品などでは意識されることが少なく，また体積収縮に基づく変形を含めて形状を規定している紡糸やフィルム成形では問題とはされない．

この要因に基づく変形を抑止しあるいは軽減するためには，(存在するか否かは別として)溶融状態と固化状態における比容積変化のない材料を用いる(**図 6.2**(a))か，固化に伴う体積変化を予め想定した形状の付与を行う(図 6.2(b))必要があり，一般には後者の手段がとられている．実用的な変形抑止策としてよく知られるものに射出成形加工における“保圧プロセス”があるが，これはプラスチック材料の固化に伴う比容積の減少分を，形にするプロセスの最中に金型キャビティ内に予め過充填しておこうとするものである．この方法は，設定を誤らなければ材料の収縮に伴う変形を極めて効果的に抑止できることが知られているが，同時に新たな不良現象を引き起こすことがあることも広く認知されている．これについては次節以降に述べる．

一方，成形途上のプラスチック材料の固化は，数多くの不良現象の要因とな

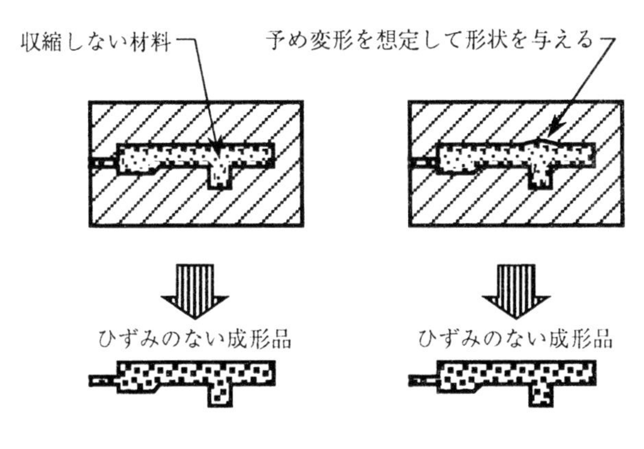

図 6.2 材料の比容積の変化に基づく変形を抑止する

っているにもかかわらず，あまり意識されていないように思われる．すなわち，成形品に現れるフローマークやウエルドラインは，形にするプロセスの途中で固化した材料が形状の付与を妨げているために生じるものであり，形にするプロセスにおける固化を抑止できれば(完全にとはいかないにせよ)その発現を抑制でき，あるいは対策も容易になる．そもそも形にするプロセスに固めるプロセスが重畳して行われるのは，材料に付与した形状を安定化させることよりむしろ成形サイクルを短縮し，生産性を上げることが主目的であろう．したがって，形にするプロセスと固めるプロセスを分離することが上述のような不良現象の対策に有効であることはわかっていても，生産性を維持しなければならない実用成形では両者の分離はとりがたい対策であり，あえてこの問題に目をつむっている嫌いがあるように思える．

熱可塑性プラスチック材料の形にするプロセスでは，冷たい型を用いて形状を付与すると同時に材料を固化させ，形状を安定化するとともに，その後に行われる固めるプロセスの時間を短縮することが多い．この場合，形にするプロセスにおける材料の冷却・固化を抑止するためには，材料に形状が付与されるまでは型の温度を成形材料の温度に近づけ材料の冷却を抑止したうえで，材料が所定の形状になってから型温度を低下させて材料を固化させればよい．同様な効果は，金型の初期温度を高くしたり金型材料の熱伝導率を小さくすることでも得ることができるが，これらの手法では固めるプロセスにおける材料の冷却まで抑制され，成形サイクルの延長につながるため，簡単な方法であるにもかかわらず実際に利用されることは少ない．

形にするプロセスにおける材料の冷却を抑止しながら，その後の固めるプロセスの延長を最小限にする方法として，型にヒーターや加熱・冷却媒体の流路を付けて型の温度を外部から能動的に制御する手法がいくつか試みられている．これらの多くは，**図6.3**(a)のように金型・材料界面近傍に置いた薄膜状のヒーターによって型内の材料を加熱したり[1]，図6.3(b)のように材料充填直前の型を誘導加熱などで非定常的に加熱することによって，形にするプロセスにおける材料の冷却のみを抑制し，その後の固めるプロセスの材料の固化を阻害しないように努めている．これらの手法は，ある限られた条件下では充填不良やフローマーク，ウエルドラインといった成形途上のプラスチック材料の固化に基づく

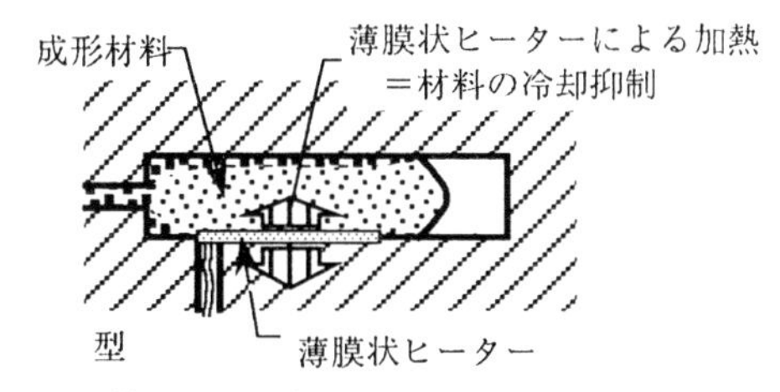

(a) 薄膜状ヒーターを用いた型内材料の冷却の抑制

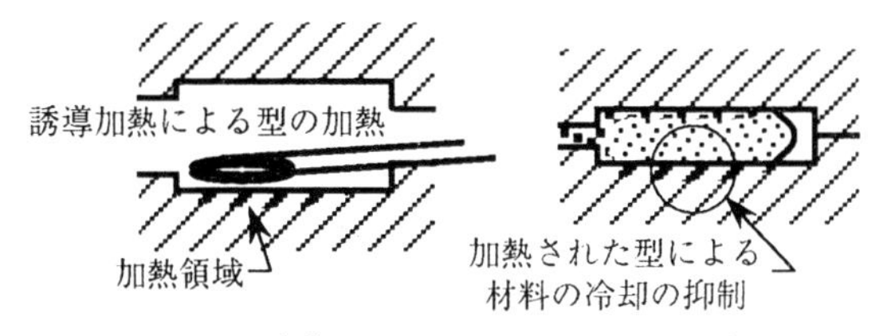

(b) 誘導加熱などによる成形直前の金型の加熱

図 6.3 形にするプロセス中の材料の冷却抑制手法

不良の発現を抑止するのに効果的であることが報告されている．しかし，これらの手法が実用成形に広く用いられるに至らないのは，これらが形にするプロセスの材料の冷却のみを抑止するよう工夫されているにもかかわらず，現実には成形サイクルが延び，生産性が低下するからにほかならない．この原因や対策については後に詳しく述べよう．

6.1.3 プラスチック材料の固化に伴う体積変化に基づく不良現象と対策

材料の固化に伴う体積変化に基づく不良現象の代表が“ひけ”である．ひけは材料の固化に伴う体積収縮が成形品の形状をひずませる現象であり，多くは成形品上の特定の部位の表面が変形する場合を ひけ とよぶ．プラスチック材料は一般に固化に伴い必ず収縮するから，ひけの発現をその発現要因から抑止することはできないので，実用成形では多くの場合 ひけ を少なくするような対症療法がとられることが多い．

ひけが問題となるのは，それが局所的に成形品表面を変形させるためである(だからこそ，これを“ひけ”とよぶ)から，ひけの発生要因そのものよりも，ひけ変形が局在化する要因に注目して議論を進めることにしよう．

話を単純化するために，射出成形において保圧プロセスを用いない場合を例

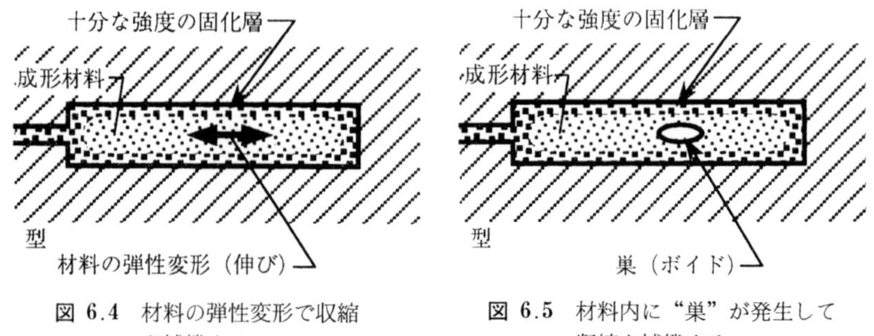

図 6.4　材料の弾性変形で収縮を補償する

図 6.5　材料内に“巣”が発生して収縮を補償する

にあげる．金型キャビティ内に充填された融解プラスチック材料は，金型と接する表面近傍から冷却・固化していき，同時にその体積が収縮する．この際，金型内のプラスチック材料の体積収縮が成形品表面を変形させるためには，材料の収縮力が成形品表層部に形成された固化層の剛性(変形抵抗)に打ち勝つことが必要である．すなわち，成形途上のプラスチック材料の収縮力が，その表面近傍に形成される固化層の変形抵抗より小さいと，固化に伴う収縮は材料の弾性変形によって補われ(**図 6.4**)，あるいは成形品に“巣”(ボイドとよばれる)が発生して(**図 6.5**)，収縮が成形品表面を変形させることはない．

プラスチック材料の収縮量が表層部の固化層の剛性より大きな場合でも，表面層の変形抵抗が一様である場合には，内部の材料の収縮力に従って一様に収縮する(**図 6.6**)から，ひけ として収縮変形が局在化するのは，成形途上のプラスチック材料表面近傍に形成される固化層の剛性に分布がある場合である．逆にいえば現実に ひけ が観察される部位は，成形途上の材料の固化層が相対的に弱かった部分に相当する(**図 6.7**)*．熱可塑性プラスチック材料の射出成形では，材料の固化は冷却によって引き起こされるから，一般に ひけ の発生部位は冷却の遅い部分とよく一致することになる．

---

* 現実の ひけ の発現には，成形材料表面近傍の固化層の剛性分布のみならず，金型壁と材料表面との(物理的・化学的)粘着力も影響している[2]．したがって，ひけの発生位置は固化層の剛性分布だけでは決まらないことになるが，金型壁と材料表面との間の粘着力が顕著になるのは，材料が熱可塑性である場合，金型壁温度が十分高温で材料の固化が進展しにくい場合に限られることが多く，実用成形では固化層の剛性が支配的であると考えてよいといえる．

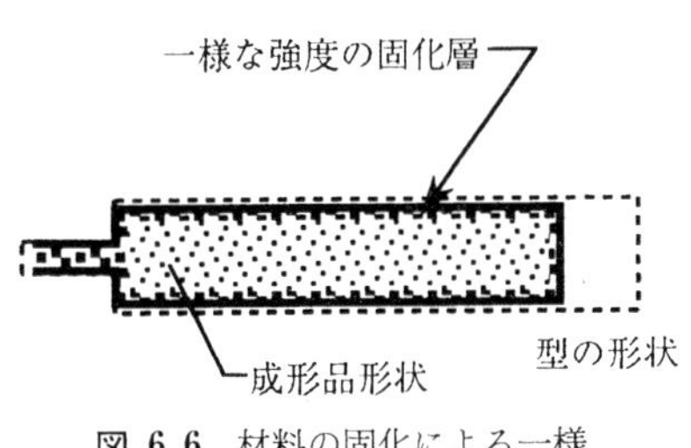

図 6.6 材料の固化による一様な収縮

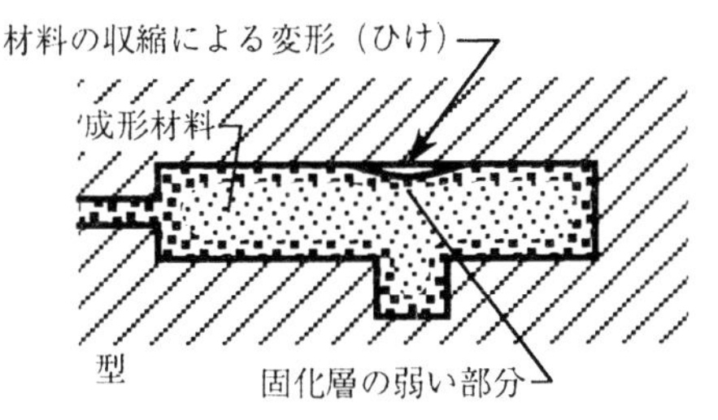

図 6.7 固化層の弱い部分に集中する変形（ひけ）

熱可塑性プラスチック材料の成形における ひけ の局在化要因である成形途上の表面固化層の進展状況は，型内におけるプラスチック材料の熱移動の観点から評価することができる．すなわち，冷たい金型に温度の高い溶融プラスチック材料を急に接触させて形状を付与する射出成形やブロー成形では，プラスチック材料の冷却は金型壁との非定常熱伝導によって支配される．したがって，他の部位に比べて冷たい金型に接触する割合の大きな成形品の“角”部では，成形途上の表面固化層の進展が速く，ひけ が角部に発現することはほとんどない．一方，成形品中央部では，成形材料が一様な厚さ，初期温度，材質で金型温度が一様である場合には，非定常熱伝導による固化層の進展も一様であると考えられるから，現実の成形品で ひけ が中央部の特定の一部位に局在化する原因は，つぎのいずれかであるといえる．

（a） 成形品の厚みが一様でない(図 6.8(a))

プラスチック材料が金型壁に接触した直後の接触界面近傍の温度は，それぞれの熱物性値と初期温度のみで決まり，成形材料の厚みに影響されない．しかしプラスチック材料の冷却が進み，成形材料の表裏から進展する温度が低下した領域が互いに干渉するようになると，金型との接触界面温度は成形材料の厚さに影響されるようになり，当然，厚い部位の冷却が薄い部分より遅くなる．射出成形品のリブやボス部背面に ひけ が集中する傾向がみられるのはこの理由による．

（b） 成形材料の物性が一様でない(図 6.8(b))

プラスチック成形加工で用いられる材料の物性が一様でない例としては，二色成形などの異なる材料を同時に成形する場合をあげることができる．また，成

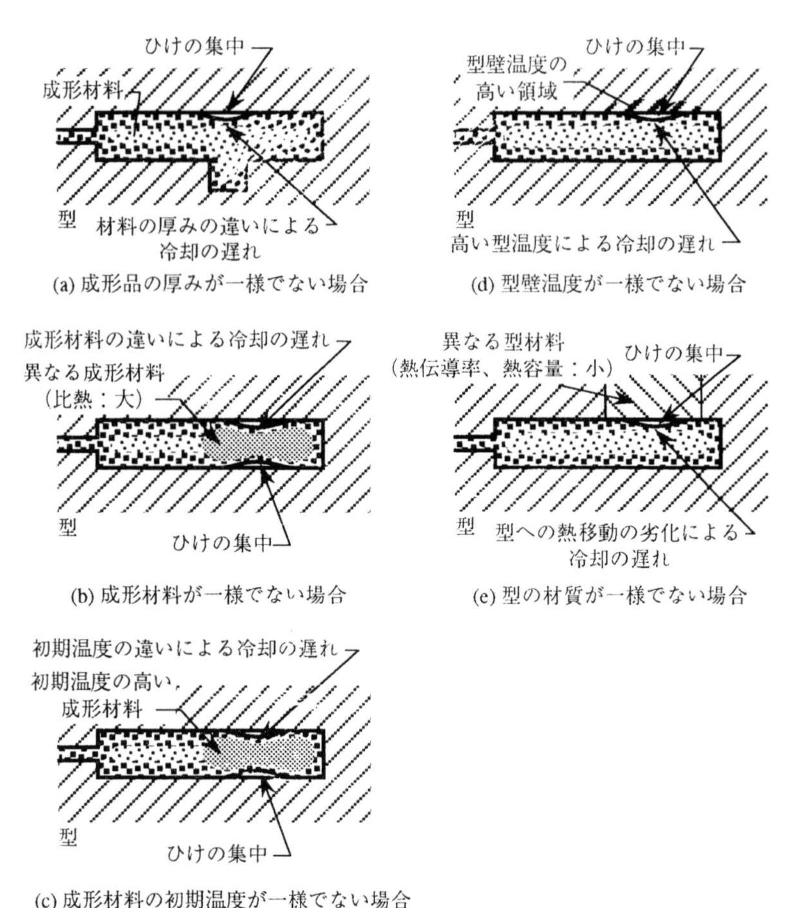

図 6.8　成形品に発現する ひけ の集中要因

形されるプラスチック材料よりも極端に熱伝導率，比熱，密度の大きな材料をフィラーとして用いる場合には，その濃淡の分布によって熱移動が影響される．このような場合には，金型や成形材料の初期温度が一様であっても熱移動が不均一となり，材料内の固化層の進展の遅い部分に ひけ が発生する．

（c）　成形材料の初期温度が一様でない(図 6.8(c))

成形機から吐出される溶融プラスチック材料そのものに温度分布があると，型接触後にも温度分布が残り，成形品表面の固化層の進展にも影響する．しかし現実のプラスチック材料と金属製の型との組合せでは，成形初期の型・材料界面温度に及ぼすプラスチック材料の初期温度の影響はさほど大きくない．

（d） 金型の温度が一様でない(図 6.8(d))

成形されるプラスチック材料の冷却を担当する金型の初期温度が一様でないと，当然，成形材料の冷却速度が変化し，ひけの局在化を引き起こす．特に金属製の型とプラスチック材料との組合せでは，両者の接触面温度は金型の初期温度に強く依存するから，金型温度の不均一は ひけ に対する影響が大きい．

（e） 金型の材質が一様でない(図 6.8(e))

何度も述べているように，成形されるプラスチック材料の冷却は，プラスチック材料から金型への非定常熱伝導によって行われるから，金型の材質，すなわち金型の熱物性値が一様でないと，プラスチック材料から金型への熱移動も一様ではなくなる．特に金型の一部の材料として他と密度，熱伝導率，比熱の積が異なる材料を用いた場合は，成形材料からの熱移動が強く影響されるので注意が必要である．

これらのことを逆に考えれば，上記のいずれかの要因を意図的に操作すれば成形品表面の ひけ の位置を制御できる可能性があることがわかる．実際にこのような試みもいくつか報告されており[3]，条件によってはかなりの効果を発揮することが確かめられている．

一方，成形されるプラスチック材料の固化に伴う体積変化が原因で生じる不良現象の発現そのものを抑制するためには，成形途上の溶融材料の比容積を固化状態のそれと等しく保てばよいことは容易に想像できる．このような概念で行われる不良対策手法としては，射出成形における“保圧”とよばれるプロセス(図 6.9)や“射出圧縮成形”とよばれる成形法(図 6.10)をあげることができる．

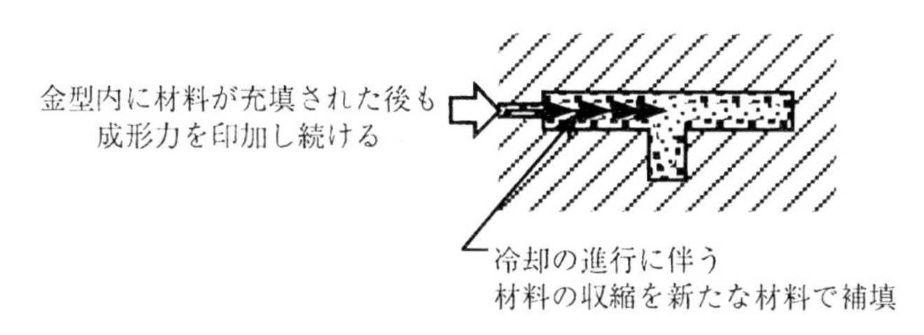

図 6.9 保圧プロセス

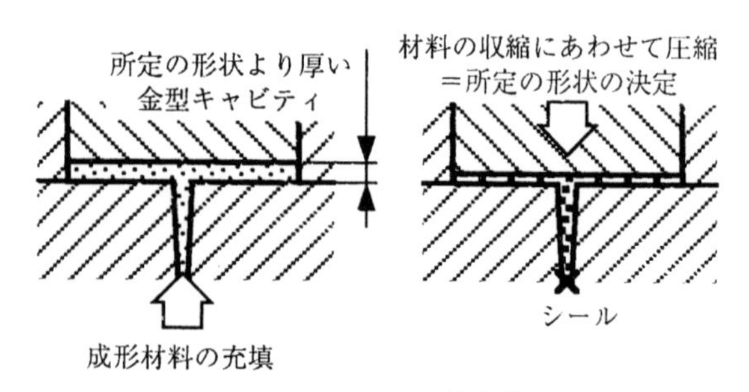

図 6.10　射出圧縮成形

これらの成形法では形状を付与するプロセスを固めるプロセスに重畳して実施するもので，固化に伴う体積変化を含めて最終製品の形状を材料に付与しようとする手法である．形状を付与している間に材料の収縮が生じても，これを補塡する材料が外部から供給されれば，最終製品に ひずみ が生じることはなく，ひけ などの不良現象の発現を抑制することができる．収縮に相当する材料を型の外部から供給する手法が保圧プロセスであり，予め最終製品より多い溶融材料を型内に充塡し，材料の収縮に伴って型を閉じていく手法が射出圧縮成形である．これらの手法は，その設定さえ的確であれば，成形材料の収縮に伴うひずみの発現を根本的に抑止するうえで効果的なものであるが，一方で，これらの手法は成形品に新たな不良を発現させることがある点に注意すべきである．

成形材料の固化に伴う収縮を補塡しつつ形状を付与するためには，固化の進んだ材料を変形させることが必要である*．したがって，これらの手法を用いた成形では大きな成形力が必要であったり，変形によって生じた材料内の応力が最終製品内に残留したり，あるいは変形抑止のための成形力が成形品全体に伝

* 厳密にいえば，材料の固化に伴う体積変化を完全に補償するためには，材料が完全に固化するまで形状の付与を続ける必要がある．しかしながら，完全に固化した材料を成形することはできないため，実際にはある程度固化が進んだ時点で形状の付与を停止せざるを得ない．この意味からすれば，これらの手法では形状の付与が停止された以降の材料の収縮に基づく成形品のひずみの抑制はできないことになるが，現実の成形加工では材料の圧縮性を利用してこれを補っている．いい換えれば，これらの手法では材料の圧縮性を利用して固化に伴う収縮を補塡できる時点まで“形にする”プロセスを継続することになる．一般にプラスチック材料の圧縮性は，成形加工に用いられる成形圧力の範囲では，固化に伴う収縮を補うには十分ではないから，実際の成形加工では材料の固化がかなり進んだ時点まで形状の付与を続ける必要がある．

播せず，その効果が一様でなくなったりする新たな問題が生じることが多い．これらの新たな不良現象は，前述の不良現象の発現要因のうちの後者，すなわち成形途上の材料の固化に伴う不良現象と原理的には同一のものであるので，次節においてまとめて述べることにする．

6.1.4 成形途上のプラスチック材料の固化に基づく不良現象と対策

理想的なプラスチック成形加工では，形にするプロセスと固めるプロセスとは独立しており，材料の変形挙動が固めるプロセスに影響することも，材料の固化が成形性に影響を与えることもないものと考えてきた．しかし実際の成形加工では，成形サイクルを短縮し生産性を向上させるために，形にするプロセスと固めるプロセスを重複して実施することが当たり前のように行われており，これに起因する不良現象が問題となることも少なくない．

このようなメカニズムで発現する不良現象の代表が，成形品表面の“転写不良”やブロー成形品の“偏肉”である．これらの不良現象は，成形材料に形状を付与している間に材料の一部が固化し，その部分の流動性が低下するために生じる．すなわち，成形品表面の転写不良は，**図 6.11** に示すように，型表面に彫り込まれた形状の成形品表面への成形・転写が完了する以前に成形材料の固化が生じるため，表面形状の成形が十分に行われない不良現象である．もう一方の偏肉も，形にするプロセスの途中で材料の固化が進み，流動性が場所によって一様でなくなって，流動性の大きな部分のみがその後の変形を分担するために生じる(**図 6.12**)．このほかにも射出成形におけるフローマークやウエルドライン，成形品内に残留する応力や分子配向，あるいは複屈折の分布といったものも同様のメカニズムで発現する．

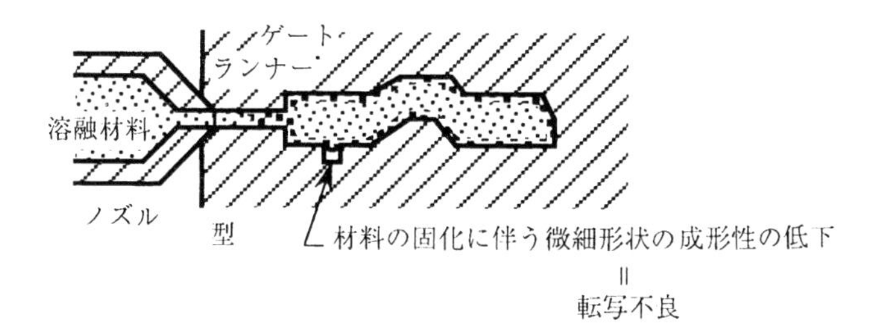

図 6.11 転写不良

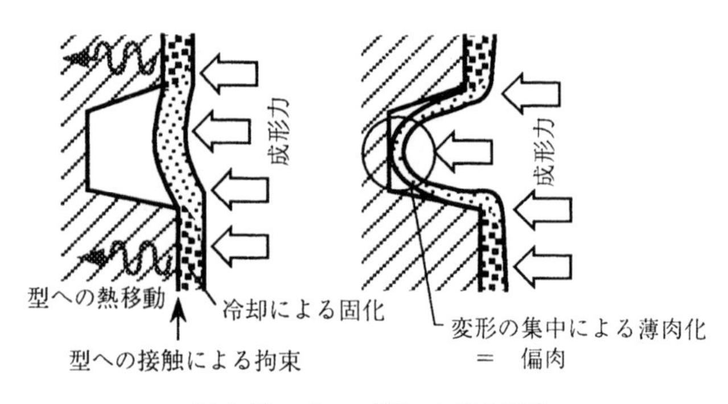

図 6.12　ブロー成形における偏肉

これらの不良現象は，形にするプロセスと固めるプロセスとが独立すれば発現しなくなることは明らかであるが，実際にこれらのプロセスを独立させることは容易ではない．なぜなら，現在用いられている実用成形加工プロセスでは，それが不良発現の要因になるとの意識がないまま，固めるプロセスを形にするプロセスと同時に開始するようになっていることが多いためである．たとえば熱可塑性プラスチック材料の射出成形やブロー成形では，高温の溶融材料を冷たい金型に接触させることによって，形状の付与と冷却・固化を同時に開始している．したがって，形状を付与するための金型温度を溶融材料温度に近づけ，材料に形状を付与している間の冷却を抑制すれば，形にするプロセスと固めるプロセスを独立させることができるが，このような手法は形にするプロセス中の材料の冷却・固化のみならず，固めるプロセスにおけるそれをも抑制し，成形サイクルの延長につながるため，実際には適用されないことは先に述べたとおりである．

この問題を解決するために，図 6.3 のように金型の表面近傍に電気ヒーターをつけるなどして金型温度を能動的に制御し，形にするプロセスにおける材料の冷却を抑止し，かつ固めるプロセス中の材料の冷却への影響を最小限に押さえる手法が種々試みられてきた．これらの手法を伝熱学的にみると，材料との界面近傍の型の温度を上昇させることで，材料が充塡された直後の材料・金型間の熱移動を抑制したうえで(**図 6.13(a)**)，金型内の熱移動によって金型表層部の加熱の影響を比較的速やかに消散させて(図 6.13(b))，その後の金型内材料の

(a)「形にする」プロセス中

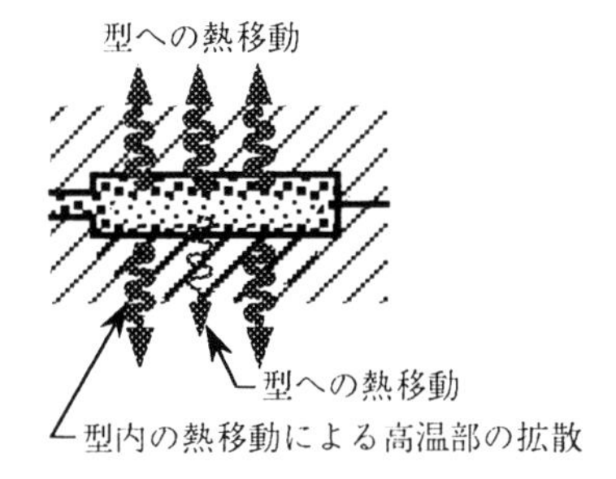

(b)「固める」プロセス中

図 6.13 型壁の非定常加熱による冷却抑制の概念

冷却時間の延長を防止しようとするものであるといえる．

しかし現実には，いったん加熱された金型の高温領域は容易には拡散せず，充填過程のプラスチック材料の冷却が抑制されるほど金型温度を上昇させると，成形サイクルが延長されるため広く実用成形で普及するには至っていない．これは一般に金属製で比較的体積の大きな金型の熱容量が，成形されるプラスチック材料に比べて大きいため，これを(瞬間的・部分的にせよ)加熱するためには大きな熱エネルギーが必要であると同時に，いったん加熱された金型を冷却するには多くの熱エネルギーの移動を引き起こさねばならないからである．

図6.3に示したような手法の本質は，充填段階の材料の冷却を抑止することにあるが，これらの手法ではそれを金型温度の制御によって実現しようとしていることに上述のような問題の原因がある．そこで形にするプロセスにおける材料の冷却の制御を，金型の温度によらず材料そのものに熱エネルギーを注入することで行う手法もいくつか検討されている*．これらの手法で検討されている熱エネルギーの注入方法には，マイクロ波[4]や赤外線[5]を金型内のプラスチッ

* この場合，金型内材料から金型壁への熱移動は継続的に生じているから，厳密にいえば，これらは“金型内材料の冷却制御”ではない．しかし，ここで問題となっているのは形にするプロセスの間に熱可塑性プラスチック材料が冷却され温度が低下することであるから，これを抑止するために温度の低下が著しい部分に外部から直接熱エネルギーを注入してその温度を維持することが，成形途上のプラスチック材料の固化に基づく不良現象の発現を抑制するために効果的であり，ある意味でこの方法による材料の温度制御が不良抑止の本質であるともいえる．

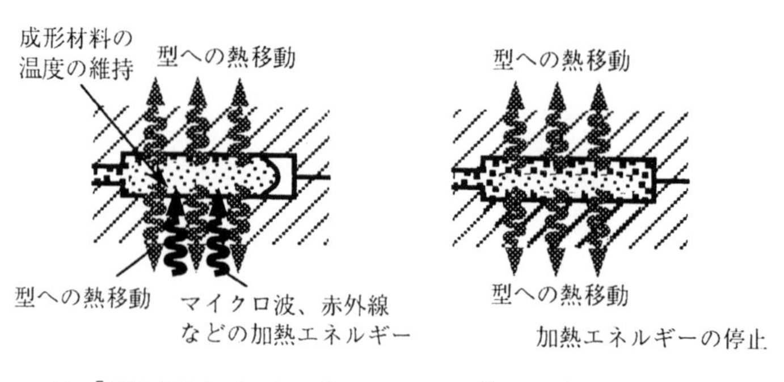

(a)「形にする」プロセス中　　(b)「固める」プロセス中

図 6.14　加熱エネルギーを材料に直接注入して充塡段階の冷却を抑止する

ク材料に導入し，その吸収で材料の温度を上昇させるもの(**図 6.14**)が多い．これらの手法はまだ検討段階で，実際の成形加工に適用された事例はない．しかし，これらの手法は金型内材料の冷却制御のために金型そのものの温度をほとんど上昇させないため，充塡段階の材料の冷却のみを効果的に抑止し，かつその後の固めるプロセスへの影響を最小限に抑えられる．したがって，これらの手法によって成形途上のプラスチック材料の固化に基づく不良現象の発現を根本から抑制できる可能性があるといえよう．

一方，前述のように，材料の固化に伴う体積収縮に基づく不良現象の発現を抑止するために，保圧プロセスのように収縮量に見合った材料を外部から供給する手法が用いられると，これに伴う材料の変形が新たな不良現象を発現させることがある．このときの新たな不良現象の発現要因は，固化の進んだ材料の変形にあり，この意味で上で述べた不良現象と同様なメカニズムに支配されているといえる．

しかしながら，保圧などに基づく新たな不良現象の発現を抑制するためには，上述のような材料の成形と固化の分離による方法は原理的に適用できない．なぜなら，材料の固化に伴う収縮は，当然ながら材料の固化が進行して初めて生じるものであり，それを補塡するためには材料の固化と変形とを同時に実行せざるを得ないためである．このことは保圧など，材料の収縮に基づく成形不良を抑止するための方法によって，新たに引き起こされる不良現象の発現を抑制するための理想的な手法がないことを意味しており，この点でも 6.1.3 節で述べた材料の固化に伴う収縮は，プラスチック成形加工において不可避な不良発現要因であるといえる．

6.2　表面外観不良とその対策

表面外観不良には，前節で詳細に述べた ひけ や，そり などの主に形状不良に基づくもののほか，光沢むらや色むら，フローマーク，ウエルドラインのような淡く微妙な表面特性の変化に基づくものがある．特に後者は計測による定量化がしにくく，ときとして人間の感覚に依存した感能試験によって評価を行うこともある．そのため，成形不良現象の解明が遅れた結果，プラスチック成形加工学を支えるレオロジー，高分子材料工学，伝熱工学などの学問体系の網からもこれまで落ちこぼれることが多かった領域である．本節では，射出成形品におけるこうした表面外観不良をとりあげ，不良現象の生成過程解明ならびに，こうした不良現象をいかにして解決するかの技術的な取り組みの例を紹介し，成形不良を克服するという視点を提供したい．

6.2.1　成形不良現象を視る

表 6.1 にシート押出成形における表面外観不良とプロセス制御因子の相関を示す．このように，1 つの外観不良は多くの制御因子と相関しており，同時に 1

表 6.1　シート押出成形における外観不良と影響因子[6]

品質に影響する因子 ＼ 外観不良の種類	材料	樹脂温度	ダイリップ温度	ロール温度	ダイ構造	冷却ロール部構造	スクリュー
光沢	○	○	○	○			
ダイライン	○	○	○		○		
横波		○	○	○		○	
フローマーク	○				○		○
色焼け	○	○			○		○
ピットマーク	○	○					○
気泡	○	○					○
フイッシュアイ	○						○

つの制御因子は多くの外観不良と関係している．これでは，外観不良を同時に低減するには制御因子をどのように設定すべきかを簡単に決めることができない．押出成形に比べてさらに非定常な加工プロセスをとる射出成形では，制御因子の決定が一層困難となることは容易に理解できよう．

押出成形にしても，また射出成形・ブロー成形にしても，成形加工プロセスはプラスチック材料を溶かすシリンダーおよび，形を与えるダイ，金型などのなかで行われ，そこで繰り広げられている成形現象を一般には直接見ることは

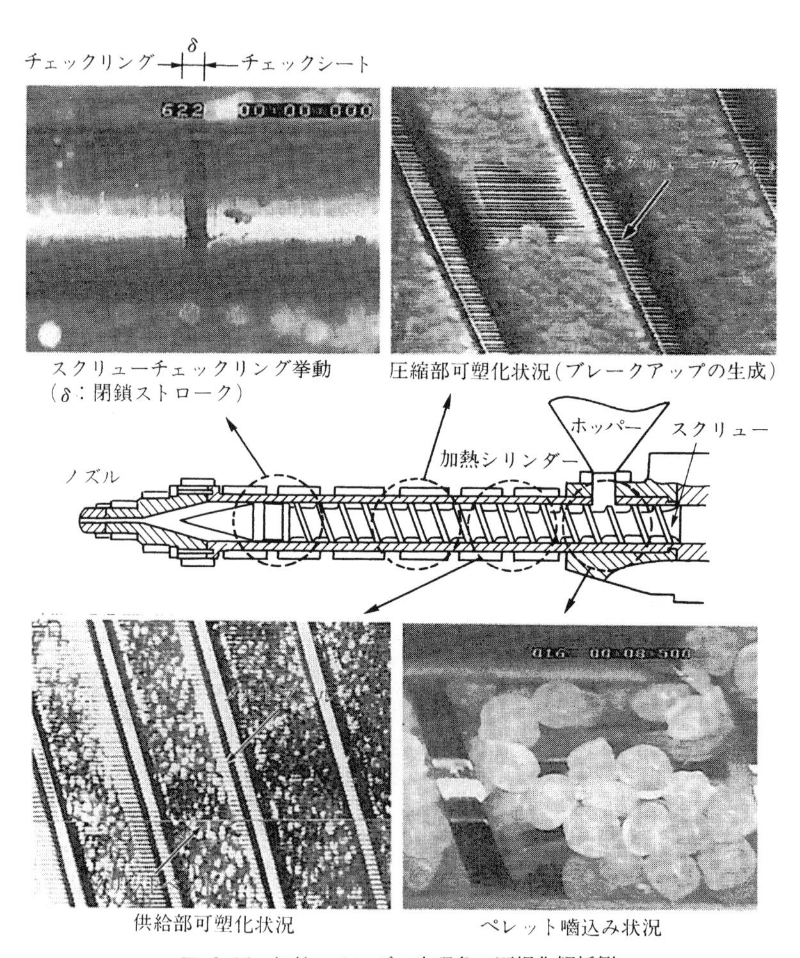

図 6.15　加熱シリンダー内現象の可視化解析例

できない．そのため，成形現象はほぼ闇の中に閉ざされ，加熱シリンダー，ダイ，金型などは文字どおりブラックボックスとして考えられてきた．このブラックボックスをブラックボックスとしてそのまま取り扱い，統計的手法により，制御因子と成形不良との相関を求めて最適化する方法も行われている．その一方で成形加工プロセスでの物理現象を具体的に明らかにすることは，成形品の品質制御や予測技術，新規成形加工技術の開発などに対して，新しい可能性を拓く意味で，大変重要なアプローチと考えられる．

成形加工プロセスのブラックボックスを解く方法には，温度，圧力分布などのエネルギー状態をセンシングするだけでなく，材料の移動現象，相転移過程

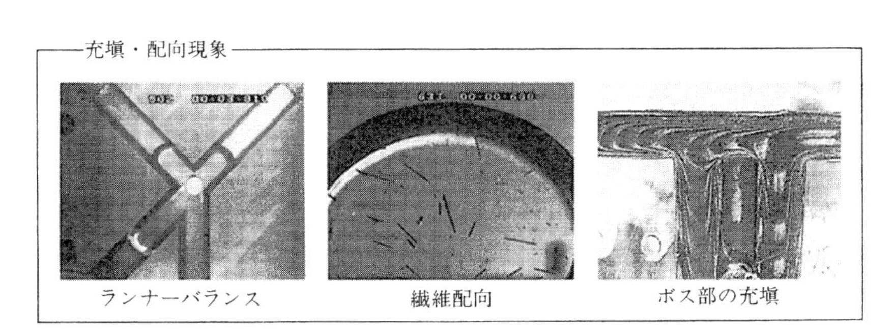

可視化金型と画像計測

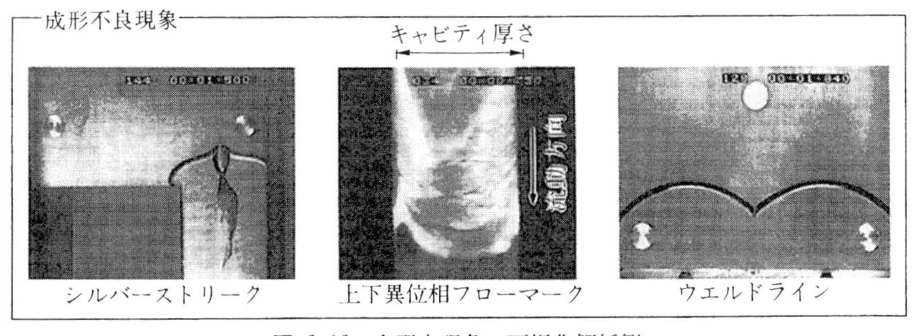

図 6.16 金型内現象の可視化解析例

を直接的あるいは間接的に抽出する方法がある．特に後者の材料移動，相転移過程については，成形不良現象が普遍的な成形現象から大幅にはずれた特異現象を含んでいればいるほど，ますます直接的な可視化解析の果たす役割が大きくなる．なぜならば，ブラックボックスのなかには我々の想像を越えた不思議な現象が潜んでいるかも知れないからである．とりわけ，表面外観不良のように成形品表面に残る曖昧な痕跡しか解析の手掛りがない不良現象では，インプロセスでの直接可視化解析(visual analysis)が特に重要になっている．

図6.15に射出成形における加熱シリンダー内現象の可視化解析例を，同様にして**図6.16**に金型内現象の可視化解析例を掲げる．いずれも石英ガラスを挿入した可視化シリンダー，可視化金型によって解析が行われた例で，高速ビデオシステムや画像処理装置により，シリンダー内でのペレットの溶融状態から金型内でのプラスチック材料・繊維の流動や配向挙動まで，今日では広範な分野ですでに定量的な可視化解析が進められている．

6.2.2 表面外観不良の可視化解析と対策の実際

射出成形品の表面には，実に多種多様な表面外観の不良現象が表れる．いうまでもなく，成形品表面を構成するのはスキン層である．このスキン層は流動過程のフローフロントにおけるファウンテンフロー現象（噴水流れ，fountain flow：**図6.17**）によって形成されることから，成形品における表面外観不良の大半はこのファウンテンフロー現象の異常により引き起こされると考えてよい．どのような異常現象が多様な表面外観不良に結びつくかを明らかにすることは，「何

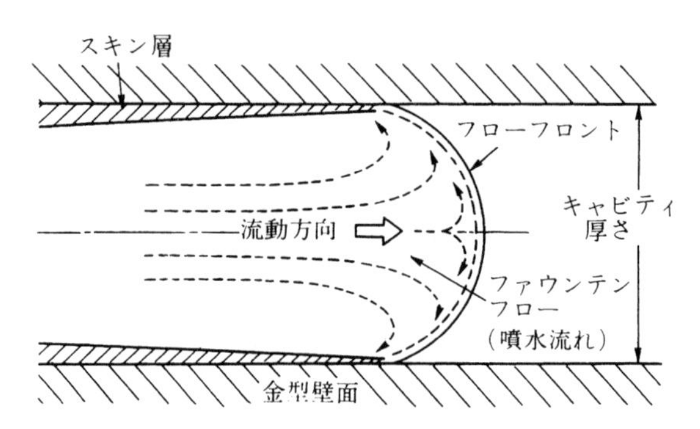

図 6.17 フローフロントにおけるファウンテンフロー現象
（フローフロント移動座標系にて表示）

故だかわからないが，こうすれば不良は消える」という経験的な不良対策に科学的な根拠を与え，さらに新しい対策法を確立するうえでも大きな意味をもつ．ここでは表面外観不良現象のなかから，ウエルドライン，シルバーストリーク，フローマークをとりあげ，生成過程およびその対策について簡単に紹介することとする．

(1) ウエルドライン

ノッチ状の傷となって残留するウエルドライン(weld line)は，**図 6.18** のように2つのフロントの会合部で形成される．会合部は2つのフロントによる三次元曲面で構成され，金型面近くではこの三次元曲面を金型面に接する二次元平面にする無理な展開が行われている．その結果，曲面部の余剰表面積 A が(a)のように折れ重なりウエルドの溝が形成される．この A は(a)の会合角 α に左右される．すなわち α が小さいほど A は大きくなり，深く広いウエルドが形成される．逆に大きな α では浅く広いウエルドを経て，ある瞬間に，A を折り込むよりもこれをスキン層中に分散吸収する方が容易となり，ノッチ状のウエルドは消失する．
すなわち，ノッチ状のウエルドはある会合角より大きくなると生成しなくなる．この消失角は成形条件にほとんど依存せず，ほぼ各プラスチック材料に固有の値を示しており，いずれも 120～150° の範囲に分布することが可視化解析によって明らかにされている．

このように，ウエルドラインは2つのフローフロントの会合部でスキン層が形成されている場合には必ず生成する．したがって，その対策は大別して①充填過程でスキン層の形成を極力抑える方法，②生成位置を制御する方法，まれにではあるが③生成因子，すなわち合流や障害物を一時的に除去する方法に分

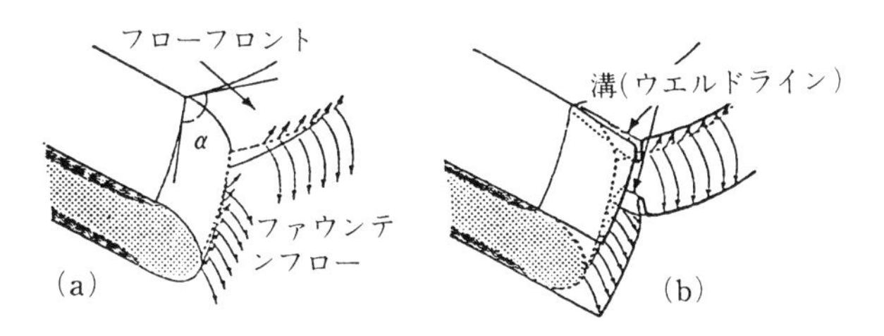

図 6.18 ウエルドライン生成機構の模式図（α：会合角）

類される．

①では，金型温度を高くしたり金型表面を高周波加熱したりするなど型面を高温に設定する方法，型表面処理や超高速充塡により表面での冷却を抑制する方法などがとられている．

②では，CAE での数値シミュレーションによるウエルドライン生成位置と，上記の会合角理論による消失位置予測結果も参照しながら，成形条件，ゲート位置などの変更により，ウエルドラインを製品設計上障害となりにくい位置へ移動させることがなされている．

③では，障害となるブロックやピンを可動構造とし，充塡中(または後)に押込み移動させたり型内打抜きを試みる場合で，その適用は限定されている．

なお，ウエルドライン生成領域における型内圧の向上と材料粘度の低下は，生成されたウエルドライン部分を型面により密着させることに寄与し，見えにくくするうえで有効であることが知られている．さらに空気などのキャビティ内残留ガスは，フロントの最終充塡速度を極度に低下させてウエルドラインを顕在化させるため，金型の合わせ面などからガスを逃がすガスベント対策も併せて重要となる．

(2)　シルバーストリーク

キャビティ内の流動材料中に何らかの原因で一度現れた気泡は，その後必ずフローフロントに到達し，フロントから脱気しようと試みる．あるものはフロント部で破裂して脱出に成功するが，あるものは到達したフロント部では破裂せず，型表面との接触部まで送られて材料と型面とに押し潰されながら破裂する．そのいずれにおいても，気泡のはじけた痕跡としてスキン層には流れ星状に白化したシルバーストリーク(silver streak)が残留する．その形態は，気泡分布とフロントへの到達状況によって**図 6.19** の 3 パターンに分類されることが可視化によって明らかにされている．

図中(a)，(b)はいずれも単一気泡によるが，フロント部に到達する気泡位置によって変化する．すなわち中心からずれた(a)では片面でのみ気泡が破裂してその痕跡を残す．一方，中心部まで到達する(b)では，先端部で破裂した後にその痕跡がフロント上で両側に展開し，両面のほぼ同一位置に平行な 2 条の筋を残留させる．細かな気泡群は(c)のように(a)(b)が多重に現れるため，表面には

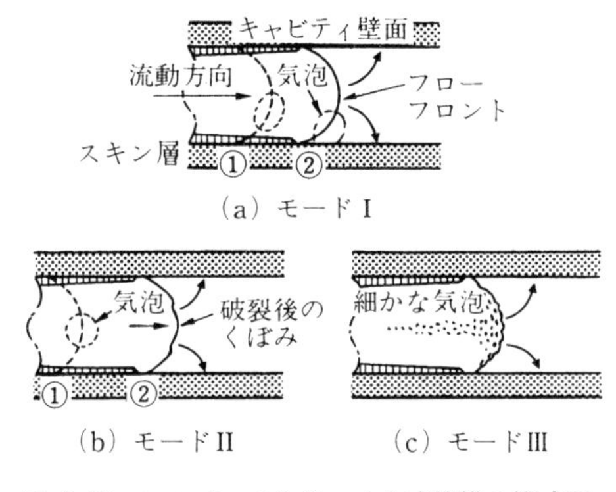

図 6.19　シルバーストリーク生成機構の模式図

何条もの筋が，そのすぐ内層部には細かく引き延ばされた空洞が分布する複雑なシルバーストリークを形成する．

気泡の原因には，よく知られているように①ペレットの乾燥不十分による水分，②プラスチック材料の分解ガス，③加熱シリンダー内可塑化過程での空気の混入のほか，④金型充塡過程での空気の巻き込みがあげられる．ただし，原因ガスの相違にもかかわらず，いずれも生成形態に大きな差異は認められないため，結果から対策を1対1に絞り込むことはむずかしい．したがって，その対策も上記①～④の要因を1つずつ取り除いていくこととなる．

(3)　フローマーク

一言でフローマーク(flow mark)といっても，その概念は実にあいまいで，流れに関係のありそうな帯状の模様全般を指す外観不良の一用語と解釈される．ここでは特徴的なフローマークとして，**図 6.20** の3つのフローマークについて紹介する．すなわち，(a)間隔の狭いレコード縞状，および(b)帯状の光沢部と曇部が交互に成形品上下両面の同位置に現れるもの，(c)これらが千鳥状に現れるものの3種類である．これまで明らかにされているそれぞれの原因と対策は以下に示すとおりである．

(a)　レコード縞状フローマーク

型内充塡過程では，材料は流動して一部ずりせん断発熱しつつ，金型表面からは確実に冷却固化が進行する．ここで，ファウンテンフロー過程で型表面上にスキン層が成長する場合を想像してみよう．もし充塡速度に比べて型表面上でのスキン層成長速度が大きい場合には何が起こるであろうか．ゲート側から流れてくる材料は，**図6.21**のように，型との接触部にできたスキン層(あるいは高粘度となった非流動層)aを乗り越えbにて型と接触し，ここで再び冷却によるスキン層を形成する．こうした“乗り越え現象”を繰り返す結果，スキン層

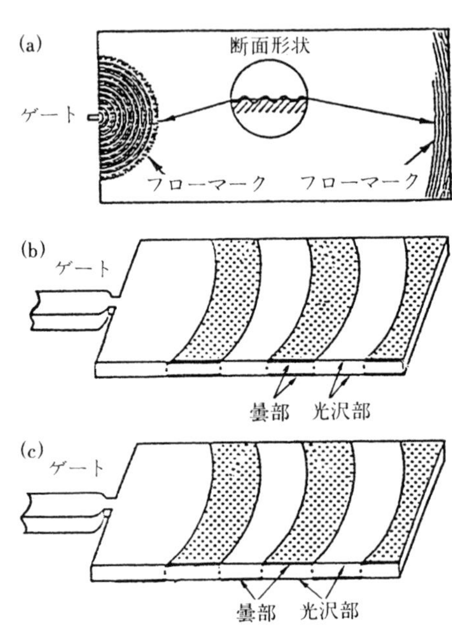

図 6.20　各種フローマークの分類

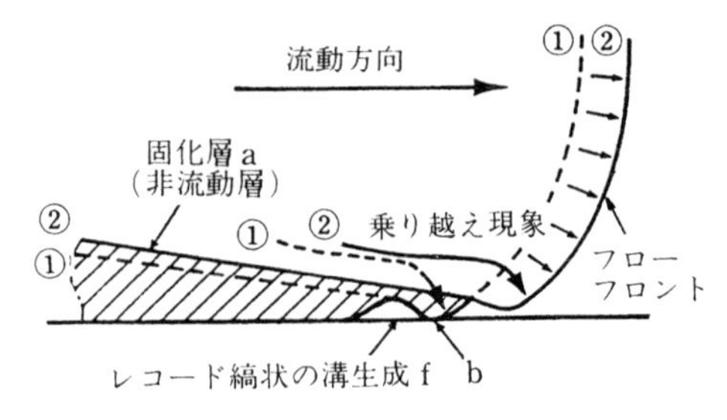

図 6.21　レコード縞状フローマークの発生機構模式図

表面には波打ち状のフローマークfが現れることとなる．当然ながら，このフローマークは充塡速度が大きいときには生成せず，スキン層成長速度が影響する一定の充塡速度以下では，充塡速度および金型温度が低いほど顕著に示される．こうした現象は，材料種類によらず低い充塡速度域では大なり小なり起こるとみられるが，逆に対策も容易であり，充塡速度と金型温度の上昇によって容易に改善される．

（b）　上下同位相のフローマーク

充塡過程で，フローフロント速度が断続的に変化した場合には何が起こるであろうか．結果として型表面との接触状況すなわち転写状況が変動し，成形品の上下面にフローパターンと一致した帯状の転写むらが生成する．

図6.22は，フロント速度変動と曇面フローマークの生成との関係を模式的に表している．このフローマークは，ゲート部周辺あるいはさらに上流から流れてくる不均一な低温・高粘度の材料により，細いゲート部が断続的に詰まるために引き起こされる．特に高粘度材料，細いゲート寸法の組合わせにおいて起こりやすく，その対策としては，材料温度の上昇が最も有効である．さらに，射出速度，金型温度の向上も転写むらの低減に効果が認められる．

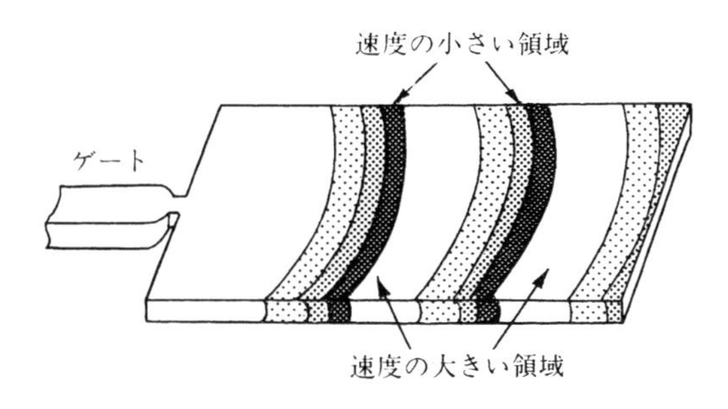

図 6.22　充塡速度の不均一による上下同位相フローマーク生成の模式図

（c）　上下異位相のフローマーク

光沢部と曇部が成形品上下面に千鳥状に生成する現象は，タルク入りPP(ポリプロピレン)やLDPE(低密度ポリエチレン)などによく観察される．上述した上下同位相のフローマークと同様に，光沢部と曇部が転写むらによって生成したと仮定すると，このフローマークは板厚方向に非対称な流れによって引き起こされたと考えるのが妥当となる．実際に，ゲート着磁法によりフローフロント部の材料流れを可視化した結果では，**図 6.23** のように常に曇面側に流動中心が向かう非対称なファウンテンフロー現象が確認されている．それでは，どのようなメカニズムで非対称流動が生成するのだろうか．

図 6.24 に可視化解析によって得られた生成過程モデルを示す．同図を用いて，以下にこのフローマークの生成過程を説明しよう．

①　金型面上のせん断応力が一定値を越えると，金型壁面と樹脂との はく離現象を引き起こし，そこに曇面を生成する．

②　これと同時に，フローフロントでの材料の湧き出し中心は曇面側に向かい，板厚中央部を流れてきた高温材料が曇面側に迂回する．そのため，曇面側では次第に材料温度が上昇し，はく離現象が抑制されるようになる．

③　一方，①ではく離した低温材料は，②の湧き出し中心の移動によりフローフロント頂部を乗り越えて対向面(光沢面側)に到達する．このため，光沢面側では材料温度の低下に伴い はく離現象が引き起こされ，曇面を生成する．

こうして①〜③が繰り返されて，千鳥状のフローマークが表れると考えられる．実際に，レーザを用いたLDPEのフローフロント観察では，前掲図6.16の例のように，キャビティ厚さ方向に繰り返し揺動する非対称なファウンテンフ

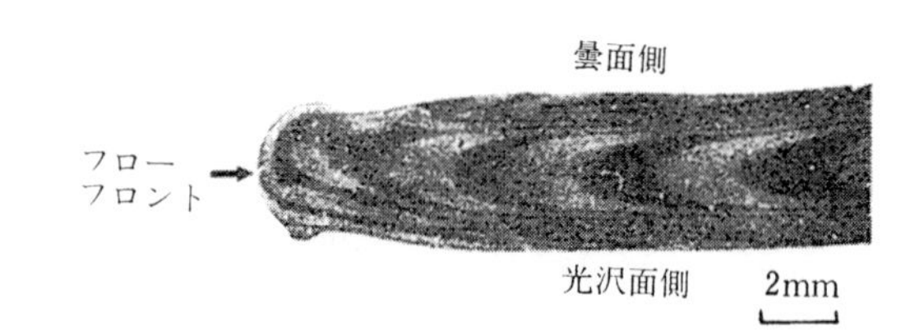

図 6.23　フローフロント近傍の非対称ファウンテンフローの可視化観察（LDPE）

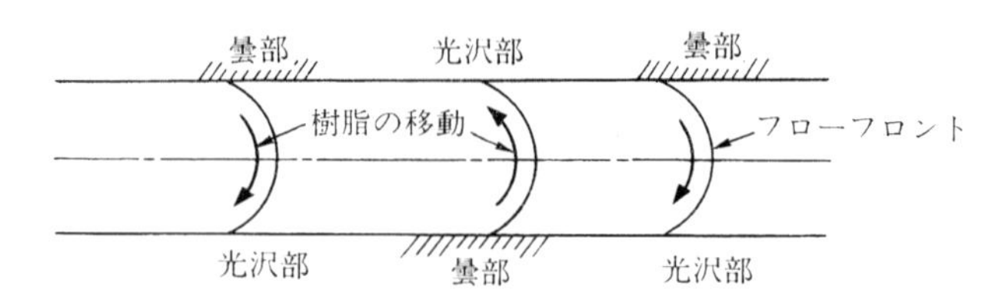

図 6.24　上下異位相のフローマーク発生過程モデル

ロー現象が確認されている．なお，①の応力推定値はほぼ一定のレベルであることから，①での はく離現象とメルトフラクチャー現象(melt fracture)との類似性が指摘されている．こうした視点に立てば，このフローマークを抑制するためには，メルトフラクチャー生成に対する材料の臨界せん断応力値を大きくする材料設計に加えて，射出速度を大きくなり過ぎないよう抑制し，材料温度を高めるなど，金型面上に作用するせん断応力を低める対策が有効といえる．

以上述べてきたように，成形品の表面外観不良はファウンテンフロー現象といずれも密接に関わっている．表面外観不良現象の解明の遅れは，多様なファウンテンフロー現象がまだまだ十分に解明されていないことを逆に示唆する結果となっている．すなわち，未だ生成原因が明らかでない表面外観不良現象を解明するうえで，たとえば可視化技術などを駆使してフローフロントの挙動を今後も注意深くみつめていくことが必要である．

6.2.3　表面外観不良の考え方

表面外観不良をもたらす成形現象には，上述した因子のほかにもさまざまなものがあげられる．材料因子の例としては，たとえば，ガラス繊維を充填した場合には，繊維配向に起因してウエルドラインに沿って生成する隆起現象や，成形品表面への繊維の露出と繊維周りの微細な はく離生成による表面性状の劣化現象が広く知られている．また，耐衝撃性 PS などゴム成分を含む系では，ゴム粒子の表面露出と粒子の変形度合に不均一が生成し，ゴム成分を含まない系では現れないフローマークが生成することもある．一方，成形品の形状因子の例では，成形品のリブ部，段差部などの板厚変動領域に非対称なファウンテンフロー現象が現れ，金型面転写率の不均一に基づくフローマークが生成しやすいことが確かめられている．これらはいずれも古くて新しい外観不良であるが，依然として未解明な現象も多く残されている．

成形加工技術の進歩は目ざましいものがあり，表面外観不良のみならず ひけ，そり など，広く成形不良を克服する新規の成形加工技術群が，成形現象を踏まえた延長線上に提案され，実用化されている．しかしながら，こうした個別の成形加工技術は，その加工法を確立し実用される過程で，その加工法の原理に根差した新しい成形不良現象を必然的にもたらすこととなる．たとえば，6.1 節でとりあげた ひけ を，さらに積極的に抑制する目的で近年開発されたガスアシスト射出成形(中空射出成形)では，材料を金型内に射出しつつ，または射出後に高圧ガスを溶融材料中に注入する．その際，リブ部などの溶融部へ侵入するガス注入パターンの制御，およびガス流路とその周辺部に沿う金型転写むらの抑制に関して，新しいタイプの“成形不良”をもたらす結果となっている．

このように，成形不良は成形加工技術の発展とともに，その姿を変え範囲を変えて我々の前に次々と現れてくるもので，こうした多種多様な成形不良を学問体系として高次にまとめ上げていくことは，プラスチック成形加工学が担う，まさに今日的な課題といえる．それには，個別の成形不良現象をひとつずつ解明する以外に方法はなく，そうした地道な積み重ねのなかで，それらの中心をなす物理現象に基づき成形不良現象を類型化し体系化する努力が，現在多方面で粘り強く続けられている．

6.3　材料の立場からみた成形不良

この節では，材料の立場から成形不良は何に原因があるのか，また，それを解決するための考え方と材料の基礎知識についてまとめる．

6.3.1　外観不良

(1)　気体が原因である外観不良

表面の不良には多くの原因がある．たとえば，プラスチック材料中の残存空気，残存溶媒やプラスチック材料分解物が気体となって表面のストリークやシルバーとなる．残存空気や残存溶媒は高温で低圧になったときに発生する．また，発生した気体がもう一度プラスチック材料に溶け込むには時間がかかるので，フローフロントなどに残る．これらに対する対策は真空乾燥が有効であるが，溶媒によってはプラスチック材料の分子鎖同士と同程度の相溶性があるものもあり，容易には排除することができないことが多い．典型的な例には，縮合で合成したポリエステルなどでの水やモノマーがある．

プラスチック材料の分解も表面不良の原因となり得る．主鎖の分解には2種類あって，PE(ポリエチレン)などの付加重合で合成されたものは，高分子鎖の主鎖に沿ってランダムに分解する．この場合には，長い時間にわたる滞留が表面不良の発生条件であり，これに対してはスクリューの先端部やダイ内で溶融プラスチックの滞留しそうな部分を取り除くことでかなり解決できる．もう1つ

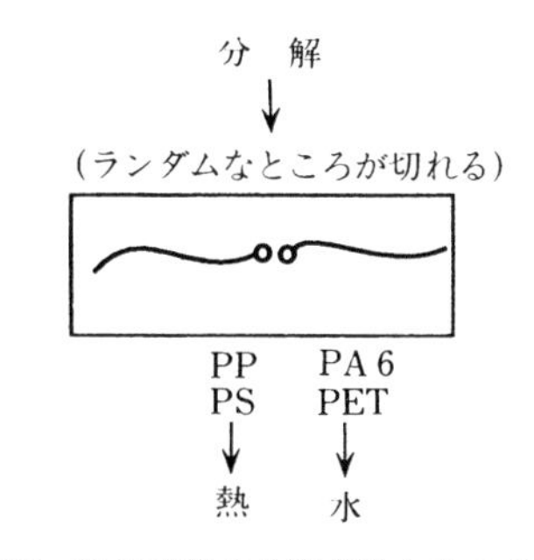

図 6.25 高分子鎖の分解方法とその主な原因

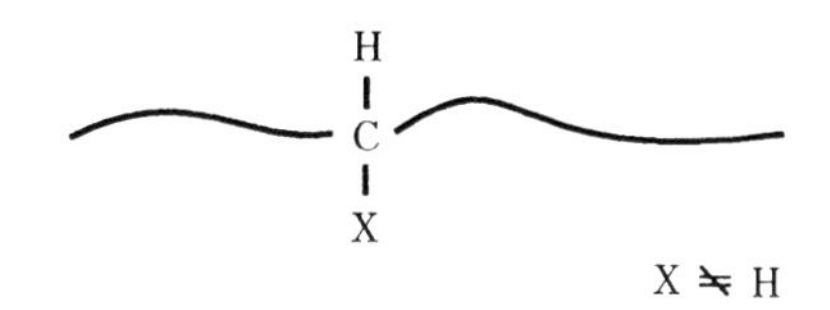

図 6.26 ラジカル分裂しやすい分子鎖構造（X は H 以外の置換基，たとえば PP では－CH_3 PVC では－Cl）

の主鎖の分解は縮合で合成された PA(ポリアミド)や PET(ポリエチレンテレフタレート)などである．この場合には，前項でも述べたが，気体の発生を誘発しやすく，加工プロセスや材料面での解決はむずかしい．材料面では，たとえば高分子鎖の末端を加水分解できないものに置き換えることでかなり解決できる．高分子鎖の分解方法とその主な原因を**図 6.25** に示した．

プラスチック材料の分解で最も本質的なものはラジカル分裂(**図 6.26**)であろう．PP や PVC(ポリ塩化ビニル)などがこれに相当する．PP などでは第 3 級炭素原子に結合している水素が熱や放射線によって容易に解離し，ラジカルを発生しやすい．このラジカルが原因で主鎖の分解を誘発し，主鎖に二重結合を導入することとなる．二重結合が導入されるとプラスチックが発色するようになり，成形品の色の不均一による不良が発生する．このラジカルが原因となる分解は，プラスチック材料の分野では古くから多くの経験があり，多くの酸化防止剤やラジカル捕集剤が見いだされ，使用されている．

(2) 転写不良が原因の外観不良

材料の立場からみた転写不良の有力な原因は，粘度が高すぎることであろう．

これにつづいて，弾性回復力が強いこと，金属とのぬれ性(接着性)の悪さ，スキン-コア構造などが考えられる(**図 6.27**).

粘度が高いことに関しては，解決法がいくつかある．高分子鎖構造の観点からは分子の長さを短くする(分子量を小さくする)のは最も効果的である．粘度は高分子鎖の長さの 3.4 乗で変化する．すなわち，長さを半分にすると粘度は一桁小さくなる．低分子量材料の添加も粘度を下げるのに効果があるが，これは表面不良の原因となり得る．

弾性回復力が強いと，金型に一度はなじんでも，その後に材料自身の表面を小さくするような動きをする．その結果，成形後の製品形状が金型を忠実に反映したものにはならない．弾性回復力を小さくするには，2 種類の方法が考えられる．1 つは分子量分布である．分子量分布の高分子量成分を少なくすると弾性回復力を小さくできる．もう 1 つの方法は枝分かれを少なくするか，なくすことである．特に長鎖分岐があると弾性回復力が大きい．

金属とのぬれ性が悪いと溶融プラスチック材料は金型になじまないことがある．この場合には，プラスチック材料に極性基の導入や，極性基をもったアイオノマーのようなものをブレンドすることによって解決できる可能性がある．

スキン-コア構造，特に溶融プラスチック材料が金型に十分なじむ前に，スキン構造が発達すると，転写不良の原因となる．この早い時期でのスキン構造の形成には材料の面からみて，いくつか原因がある(**図 6.28**)．1 つは粘度の温度依存性が大きいことである．成形温度がガラス転移点に近いところにあると，これが発生しやすい．成形温度が固定されていれば，ガラス転移点を低くする対

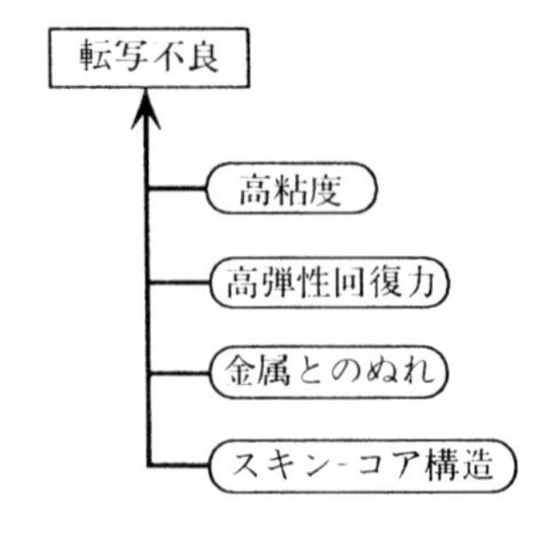

図 6.27 転写不良による外観不良の原因因子

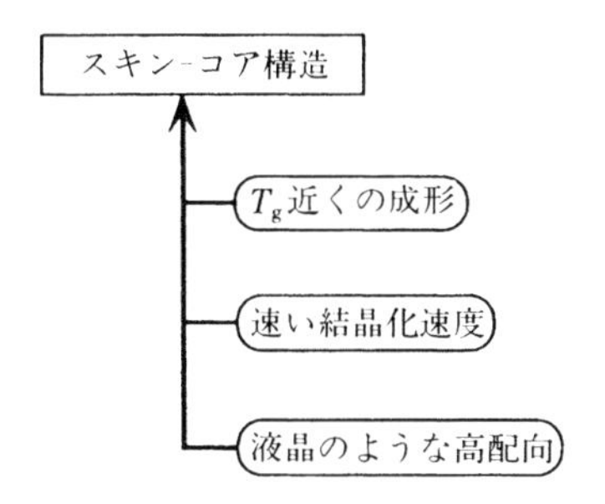

図 6.28 スキン-コア構造の出現理由

策をとることができる．もう1つの原因は速い結晶化速度である．結晶化速度を遅くするには立体規則性を落とすとかブレンドなどが対策として考えられる．さらに，液晶性プラスチック材料のように高度かつ容易な配向性もスキン-コア構造の原因となる．液晶は一般に粘度が低いので本来，転写性はよいが，もし悪くなったときは，配向度を落とす対策を考える必要がある．もちろん材料側ではなく，成形加工側で行うことである．たとえば金型の温度を高めることはスキン-コア構造ができるのを防ぐので，転写不良には最も効果がある．

(3) 表面のプラスチック材料構造の不均一

表面不良には材料自身の表面構造によるものがある．表面構造としては球晶構造，配向構造，ブレンド・アロイの相分離構造，充塡剤の分散構造などがある(図6.29)．

数 μm から数百 μm の球晶構造が表面に出た場合には，外観不良を起こしやすい．これを避けるには，高分子鎖に欠陥を導入するなどして，大きな微結晶

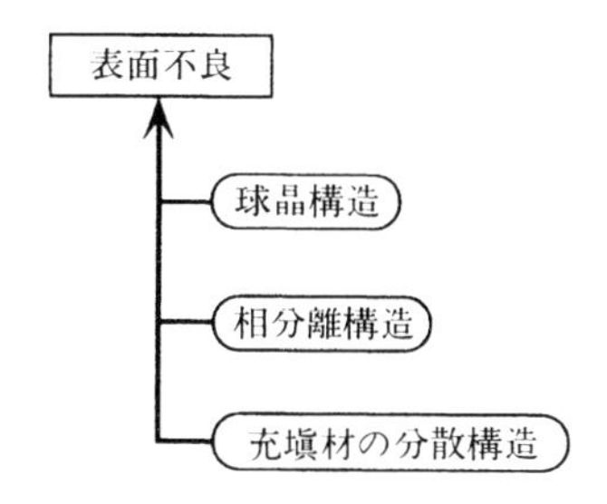

図 6.29 表面不良の原因となる表面構造

の成長，ひいては大きな球晶の成長を妨げるのが効果的である．また，無機金属などの増核剤の添加などによっても球晶を小さくできる．成形加工条件としては急冷条件にして，結晶化を妨げるようにする．

液晶性プラスチック材料などのように流動配向しやすいプラスチック材料が，表面で高配向となる可能性があり，このときには視線の方向によって成形品の光沢などが変わる．高分子鎖の配向で表面での反射率が方向により異なるからである．配向の緩和には，長鎖の枝分かれや柔らかい高分子鎖とのブレンドが有効であろう．今後，分子鎖の構造と配向の関係がわかってくれば，表面の配向を材料設計で制御できるようになる．成形加工条件による対策としては，表面部の固化時の流動応力を小さくすることであろう．

2成分以上のブレンド・アロイの相溶性の程度および相分離条件は流動応力で異なることを前章で述べた．さらに圧力によっても同様な相分離が生じる可能性もある．すなわち流動応力や圧力分布が原因となって相分離構造の不均一性が発現する場合があり，その際には外観不良となる．これに対する材料の工夫としては，相溶-非相溶の臨界点を多重化すること，あるいは臨界点を成形加工条件からなるべく遠くに離しておくことが考えられる．それには，ブレンド成分の選択が必要となる．

FRPでは，充填繊維の不均一分散や配向の不均一性が外観不良の原因となる．これらに対しては，成形加工条件側でCAEを利用して対策が講じられているケースが多い．材料側の解決策としては，マトリックスの緩和時間(あるいは粘度)分布の調整，充填繊維の表面改質などが挙げられる．

6.3.2 ひ　け

ひけの最も大きな原因は，形状の固定化の不十分であろう．固定化の時間的および空間的な分布が固定化を不十分とする．たとえば，成形後ある時間では，表面のみが固化しており，中心が未固化のことが多い．これにつづいて，固化が中心部で進行する際に ひけ が生ずる．その原因は固化に伴う体積収縮である．材料での改善策は，もちろん固化前後の体積収縮量を小さくすることである．また，体積収縮による残留応力を製品全体に分散させるようにすることができれば，ひけが少なくなる．この例として，固化前後の緩和時間(粘度)の差を小さくするように材料設計することが有効である．

6.3.3 そ　り

そりもひけと同様，基本的には形状の固定化不十分あるいは固定化の不均一に原因がある．すなわち，結晶化温度あるいはガラス化温度が場所によって異なれば，全体が固化した後に残留応力が発生し，やがて変形(そり)が発生する．

これに対する材料での対策は，ひけの対策と同じである．そのほかには，固化を狭い温度範囲でなく広い温度範囲になるように材料設計ができれば，そりを改善できる可能性がある．

そりには，固化のほかに，配向分布が大きく影響する．繊維充填複合材料の場合には，マトリックスの配向は固化時の流動応力分布によって決まり，充填繊維の配向は，固化までの全変形量によって決まるので，材料側での解決はむずかしい．しかし，非均一系の材料では，分子構造分布あるいは充填材の濃度と大きさ分布の設計によって配向を制御できるようになれば，材料側で解決できる可能性がある．

6.3.4 バ　リ

射出成形などで金型の合わせ目から溶融プラスチックがはみ出すことをバリとよんでいる．これは材料の特性と金型の工作精度との兼ね合いで発生する．したがって，材料側でも解決への対策があるはずである．最も単純には緩和時間を長くすればバリがでない．緩和時間を長くするには，分子量を大きくするか枝分かれをつくればよい．緩和時間を長くすると金型内での流れが悪くなり成形加工しにくくなるが，金型内での流動特性を落とさずに，バリをつくらないような材料はできる．緩和時間分布を利用した材料設計をすればよい．

6.3.5 糸 曳 き

射出成形での糸曳きは成形不良となるが，紡糸やフィルム成形などでは糸曳き現象は成形加工にとって有利である．したがって，曳糸性(糸のひきやすさ)の良し悪しは，成形加工の種類によって，不良の要因となったり，成形性を良好にしたりする．

曳糸性は材料で制御できる．特に大変形の伸長粘度を増加させないように制御した形で材料設計するとこの問題は基本的に解決できる．

6.3.6 発泡不良

独立気泡をつくりにくいことを発泡不良とよぶとすると，これは糸曳きと同じ現象であり，同様な解決方法が考えられる．もちろん成形加工の点でも解決できる問題である．

6.3.7 その他

これらのほか，フィルム成形，紡糸やブロー成形での厚み分布，ネックイン，切断，レゾナンス，ダイスウエル，固化不良，さらに射出成形などでの溶融体の接着不良や固着による不良などの問題も，このテキストシリーズを読んでいただければ，解決のための基本的な考えを身につけることができると確信している．

参考文献

1) Jansen, K.M.B. and Flaman, A.A.M.：*Poly. Eng. Sci.*, 34-11, pp.894-904(1994)など
2) 黒崎晏夫，佐藤　勲，斉藤卓志：成形加工，8(2)，136(1996)
3) 黒崎晏夫，龍腰健太郎，佐藤　勲：成形加工，2-6，pp.505-510(1990)など
4) Hill, R.W. and Bergman, T.L.：Fundamentals of Heat Transfer in Electromagnetic, Electrostatic, and Acoustic Fields, ASMEHTD Vol.248, pp.1-7(1993)
5) 黒崎晏夫，佐藤　勲，斉藤卓志：日本機械学会論文集，投稿中(No.95-1273)
6) 日本塑性加工学会編：プラスチック成形加工データブック，197(1988)，日刊工業新聞社

付録　成形加工からみた　プラスチック材料

1. プラスチック材料の種類

プラスチック成形加工用の材料には数多くの種類があるが，以下のように２種類ずつ対比して考えると，理解しやすい．

（A） 熱可塑性プラスチック材料と熱硬化性プラスチック材料

この２つの材料は，温度変化によって高分子鎖の構造が変化しないプラスチック材料と変化するプラスチック材料である．

PP(ポリプロピレン，**図1**)は，自動車のバンパーや文具のファイルなどに使われているプラスチック材料で，成形性のよい材料である．このプラスチック材料は，熱すると次第に溶け始め，流動性をもつようになる．成形加工後も分子構造は変化しない(**図2**)．したがって，もう一度温度を上昇させると，流動する．このような性質を熱可塑性であるといい，このような材料を熱可塑性プラスチック材料とよんでいる．一方，フェノール樹脂，エポキシ樹脂，不飽和ポリエステルなどのように，熱を加えても溶けないプラスチック材料がある．同

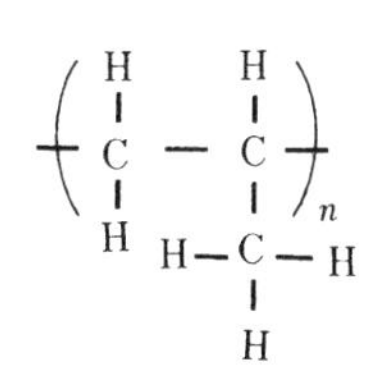

図 1　PP の分子構造，n は繰り返しの数（重合度）

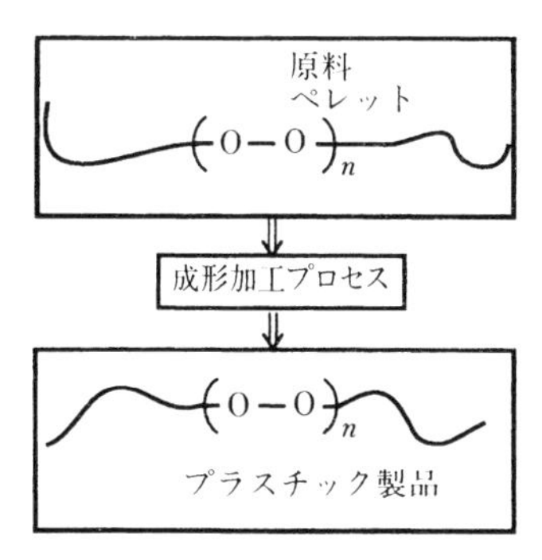

図 2　熱可塑性プラスチック材料

じプラスチック材料でありながら，熱に対する挙動がなぜこれほどに違うのであろうか．PP などは，成形の際，ポリマーをいったん加熱して溶かし，これを金型のなかで冷やすなどして所定の形に固まらせる．ポリマーの分子鎖同士は化学結合していないので，再び加熱した場合，分子鎖が自由に動くことができ，流動し始める．

これに対して，エポキシ樹脂などは，成形の際，低分子量のポリマーに熱をかけて反応させることによって硬化させたものである(**図 3**)．成形加工後のプラスチック材料の分子構造は，原料の分子構造とはまったく異なった形になっている．そのポリマー構造は，高分子鎖のところどころが橋架けされた網目構造をしており，分子鎖が動きにくいので再び加熱しても溶けることはない．

エポキシ樹脂は，このように熱や光を加えると三次元架橋が発達して，どんどん重合度が増し，固化するが，この性質を利用して接着剤や封止材(IC のパッケージ)として使われている．このほかの熱硬化性プラスチック材料には，プラスチック材料中，古い歴史をもつフェノール樹脂，尿素樹脂，メラミン樹脂をはじめ不飽和ポリエステル，シリコーン樹脂，PI(ポリイミド，polyimide)などが含まれる．熱硬化性プラスチック材料は通常，比較的分子量の小さいプレポリマーの形で生産され，加熱硬化の過程を経て最終製品となる点で，成形加工法や成形品の性質が熱可塑性プラスチック材料とは異なる．

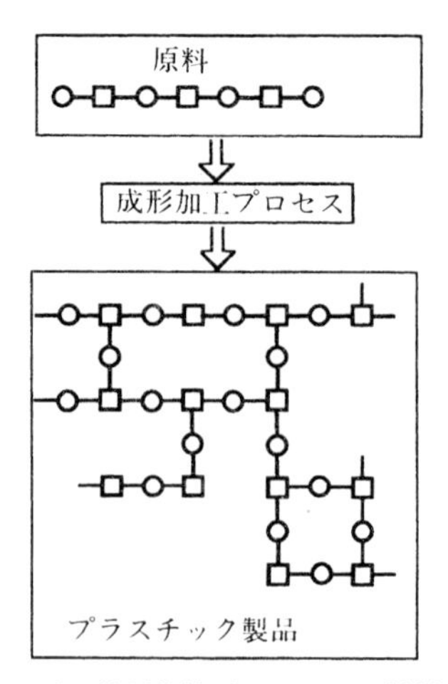

図 3　熱硬化性プラスチック材料

(B) 線状高分子鎖からなるプラスチック材料と三次元網目高分子鎖からなるプラスチック材料

この2つは成形加工以前の状態で高分子鎖構造が異なるものである．

PE(ポリエチレン)はこれまでも何回か出てきているが，有機合成プラスチック材料の代表的なものである．この分子鎖は一次元につながっており，“うどん”や“そば”のような形をした分子(**図4**)である．このような分子を線状高分子鎖とよぶ．多くのプラスチック材料，たとえばPP，PA(ポリアミド)，PET(ポリエチレンテレフタレート)などがこの線状高分子鎖からなる．

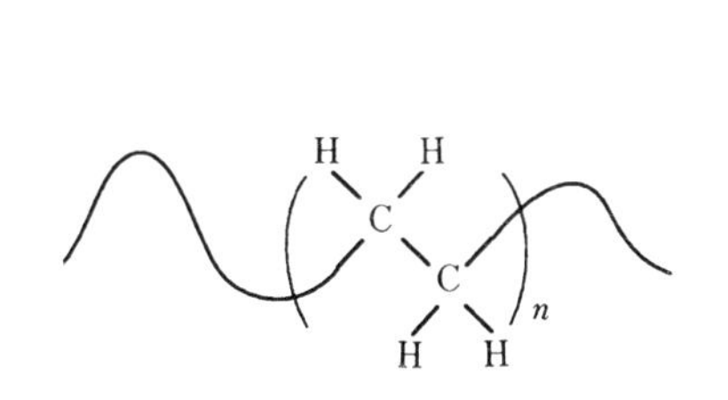

図4 PEの分子構造

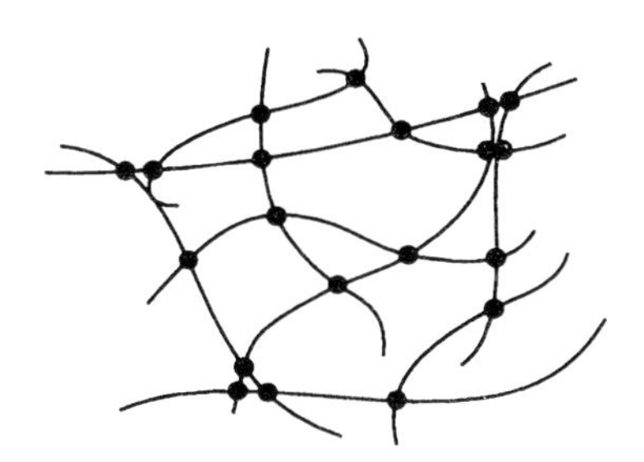

図5 三次元網目高分子鎖からなるゴムの分子構造

これに対して，ゴムは三次元網目高分子鎖からなり，その構造は**図5**に示されている．橋架けによって主鎖が三次元に広がっている．これは線状高分子鎖とは大きく異なった特徴をもっている．三次元網目高分子鎖は，高温(ガラス転移点以上)ではゴム弾性という極めて特異な性質を示すようになる．

金属や無機材料の弾性は，主として変形による内部エネルギーの変化に起因する．すなわち，ある平衡位置近傍で振動している原子や分子に力をかけたとき，平衡位置が変位して原子間または分子間ポテンシャルエネルギーが変化することによって弾性が生じる．このような弾性をエネルギー弾性という．ガラス状態のプラスチック材料や結晶性プラスチック材料の結晶領域の弾性はエネルギー弾性が支配的である．

ゴムやポリウレタンの場合を考えてみよう．室温はゴムのガラス転移点以上なので，分子鎖は激しい振動，すなわちミクロブラウン運動を行なっている．その結果，分子鎖はいろいろな分子鎖の形をとることができる．このときの分子の形のとり得る場合の数は，エントロピーと関係づけられる．ゴムに力をかけたとき分子が変形し，引き伸ばされる．そのために変形前の状態より分子鎖の形の種類の数に制限が加えられ，高分子のとり得る形の数が少なくなる（エントロピーが減少する）．エントロピーの減少を戻そうとする力が発生し，このときの弾性がゴム弾性である．それゆえ，ゴム弾性をエントロピー弾性という．ゴム弾性発現に際して構造的に重要なことは，分子間橋架けをすることである．橋架けをしていないと，応力が分子間に十分伝達されずに流動が起こる．しかしながら，橋架け密度を上げすぎるとガラス転移点が上昇し分子が運動しにくくなり，硬いエボナイトとなってゴム弾性を示さなくなる．

（C）　付加重合によるプラスチック材料と重縮合によるプラスチック材料

この2つは線状高分子鎖を形成する過程による違いである．したがって，分解の仕方も異なり，成形加工条件も自ずと変化しなければならない．特に成形加工の前処理が異なる．

PS（ポリスチレン）は発泡スチロールなどで知られている．この分子構造は**図6**に示したとおり，スチレンを重合してつくる．スチレンに熱をかけるとラジカルが生ずる．このラジカルが連鎖的に反応して高分子量化する．この重合の成長を触媒で制御すると立体規制性のPSが得られる．

一方，PA 66（ポリアミド 66，ナイロン 66）はヘキサメチレンジアミン（$H_2N(CH_2)_6NH_2$）とアジピン酸（$HOOC(CH_2)_4COOH$）とから合成する（**図7**）．この

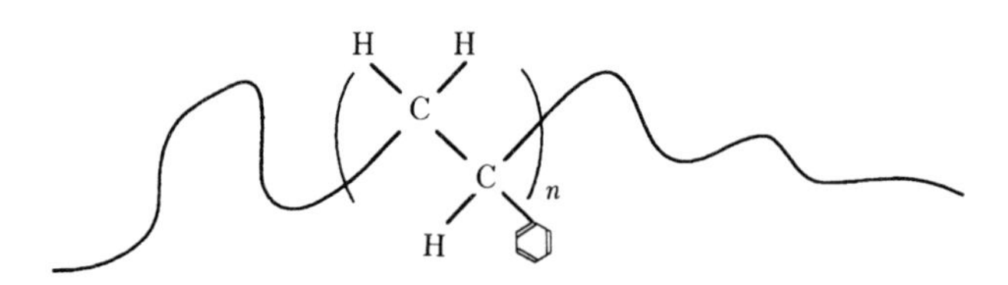

図 6　PSの分子構造

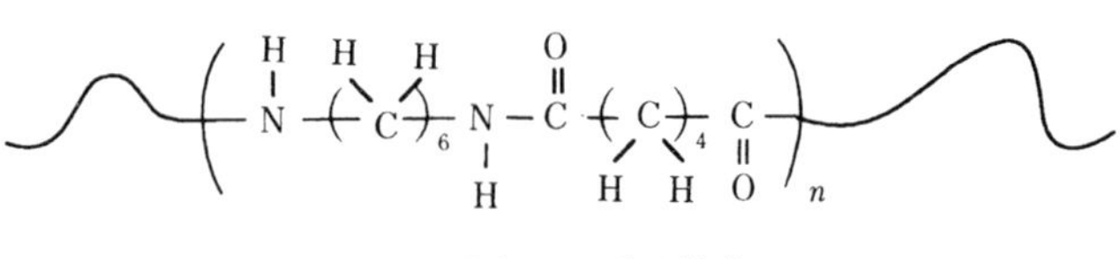

図 7　PA 66の分子構造

ときに -NH_2 と -COOH とから水 H_2O がとれて高分子量化する．このときの反応の進行は逐次的である．このような合成法を重縮合といい，PS や PE などのいわゆる付加重合とは区別できる．

この合成法の違いは，実際の用途において大きな差をもたらす．PA などの縮合物において，水などの影響下では加水分解によって高分子鎖の末端からモノマー単位に相当する部分がはずれて分解を始める．したがって，縮合法によって合成させたプラスチック材料は成形加工前によく乾燥して，プラスチック材料中に拡散した水分などを取り除かないと，成形加工がうまくできない．

これに対して PS が分解する際には，分子鎖に沿ってランダムに切れて比較的低分子の PS を生成する．いいかえると，長い PS ほど分子切断が起こりやすく，分解後は分子の長さが揃うようになる．分子鎖の長さの分布が狭くなると液体の流れ特性や固体物性などが異なってくる．

(D) 芳香族プラスチック材料と脂肪族プラスチック材料

これは主鎖の分子構造の剛直性による違いである．主鎖に芳香族(-⌬-)が含まれると剛直高分子鎖になり，主鎖が脂肪族($-CH_2-CH_2-$)のみからなると柔らかい高分子鎖となる．

PPTA (poly (paraphenylene terephtalamide)，ケブラー) は図 8 に示すような分子構造をもっており，正式な名称はポリ-*p*-フェニレンテレフタルアミドという．

PPTA は耐熱性，高強度・高弾性率繊維として注目されているプラスチック材料である．溶液状態で重合してつくられる高重合度のポリマーが，硫酸溶液中で液晶を形成することを巧みに利用している(液晶紡糸法)．その後，芳香族の基を主鎖にもつ多くの種類の高分子鎖を合成するための努力が活発になされている．それらの多くは液晶性を示す．特に，温度を上昇させて液晶となるサーモトロピック液晶性プラスチック材料は，高強度，高寸法安定性の材料とし

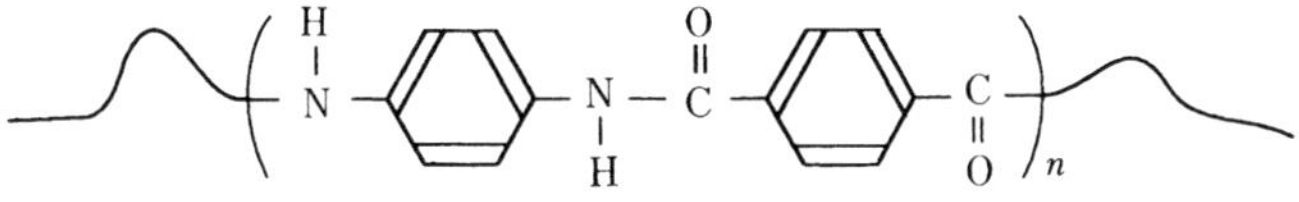

図 8 PPTA の分子構造

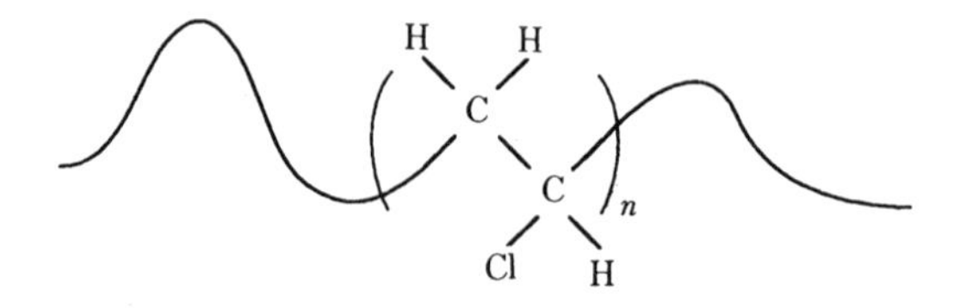

図 9 PVC の分子構造

て知られている．

高強度・高弾性率繊維である芳香族プラスチック材料は，その耐熱性，軽量性を背景にエポキシ樹脂やポリイミドとの高性能複合材料の強化剤として利用され，宇宙船や航空機の構造材料としての応用が拡大している．

PVC(ポリ塩化ビニル)の分子構造は，**図 9** に示したように主鎖が炭素の一重結合のみからなり，ベンゼン環をもたない．これまで述べた多くのプラスチック材料，PE，PS，PP，ゴムなどは PVC と同じく脂肪族プラスチック材料とよばれている．

(E) 有機プラスチック材料と無機プラスチック材料

この 2 種類は，主鎖を構成する主な元素が炭素の場合とそうでない場合に相当する．

PMMA(ポリメタクリル酸メチル)は透明性のよい有機プラスチック材料であり，光ファイバーなどに用いられている．また，無機ガラスの代替品としても多くの用途をもっている．この分子構造を**図 10** に示したが，高分子の背骨となる主鎖は主に炭素からなっている．主鎖にぶら下がっている部分 $COOCH_3$ や CH_3

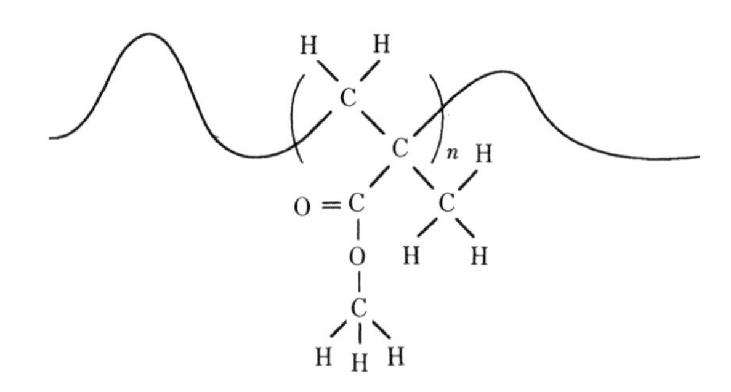

図 10 PMMA の分子構造

を側鎖という．他の多くのプラスチック材料，PP，PE，PVC なども，これと同じく主鎖が炭素からなる有機プラスチック材料である．炭素以外にも酸素，窒素，硫黄などが主鎖に入っている場合も有機プラスチックとして分類されている．

シリコーンは無機プラスチック材料の例であり，オイル，ゴムおよび樹脂として使われている．その分子構造を**図 11** に示した．主鎖はケイ素と酸素からなっている．我々のまわりに多くみられる無機ガラスも，いわば無機プラスチック材料で主鎖がケイ素と酸素からなる．無機プラスチック材料の構成元素としては，一般に Si，Ge，Sn などが多いが，さらに Be，B，N，O，Al，P，S，Cr，Fe などが知られている．無機プラスチック材料の物性の特徴は耐熱性，不燃性であるが，一方，もろさという欠点をもっている．

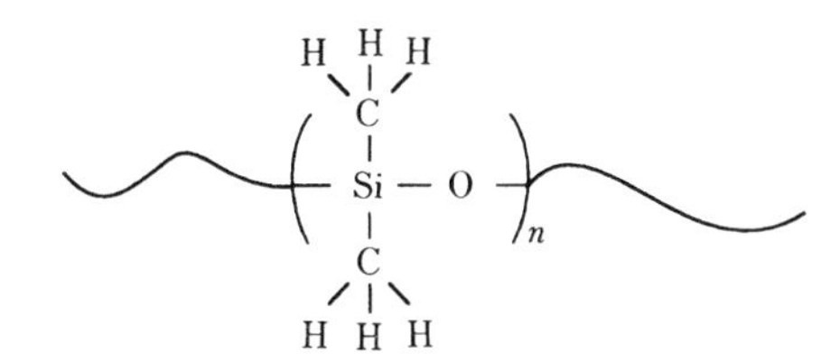

図 11 ジメチルシリコーンの分子構造

2. プラスチック材料の高分子鎖の構造と分子量，分子量分布

前節では主にモノマーの種類の違いによる分類を試みた．しかし，同一のモノマーからなる高分子鎖でも，モノマーのつながり方や形によってプラスチック材料の性質は大きく変化する．

(A) 立体規則性

線状高分子鎖では一次元に分子がつながっている．このとき，つながった分子(主鎖)中の原子に 2 種類の異なる基が結合している場合には，立体的にみると 3 種類のつながり方がある．この立体的つながり方を立体規則性(タクチシチー)といい，立体規則性のあるアイソタクチックとシンジオタクチック，および立体規則性のないアタクチックとがある．

PS は重合条件によって，アイソタクチックにもシンジオタクチックにも，またそのような規則性のないアタクチックにもなる．**図 12** にこれらの規則性の違いを PS を例にして示した．一般に，市場に出ている PS はアタクチック PS である．アタクチック PS は非晶性プラスチックであり，アイソタクチック PS とシンジオタクチック PS は結晶性プラスチックである．

立体規則性のもう 1 つの姿として，頭-尾，頭-頭結合がある．PS の結合単位

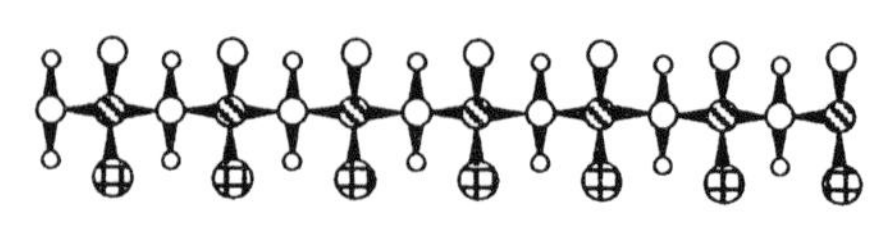

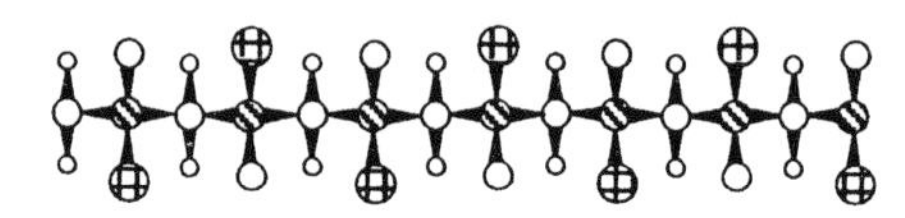

(タクチシチー)
○はH，⊗はC，⊕は⬡の意味である

図 12　PS の立体規則性

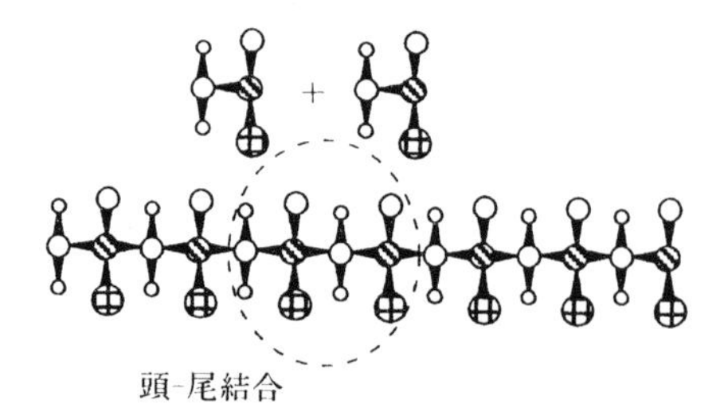

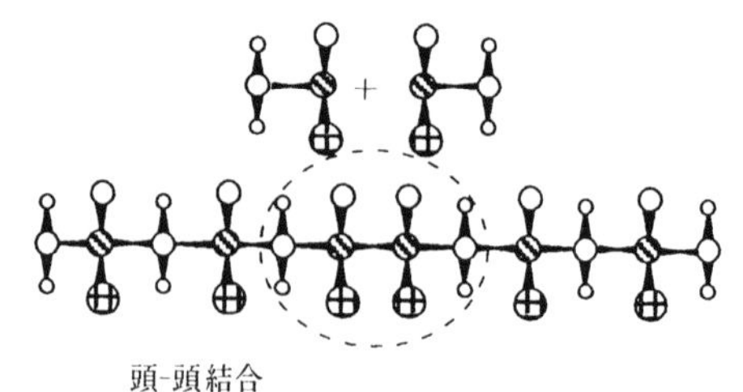

(頭-頭，頭-尾結合)記号は図12と同じ

図 13　PS の立体規則性

でベンゼン環のついた炭素を頭とすると，頭-尾結合と頭-頭結合は**図13**のようになる．PS や PMMA ではほとんど100％頭-尾結合が得られている．しかし，PVA(ポリ酢酸ビニル，poly(vinyl alcohol))，PAN(ポリアクリロニトリル，poly acrylonitrile)，PP，PVDF(ポリフィ化ビニリデン)などでは頭-尾結合のほかに頭-頭結合が含まれることが多い．頭-頭結合は結晶性プラスチック材料では結晶欠陥となりやすい．

(B) 高分子鎖の形

高分子鎖の形の最も単純で一般的なのは，**図14**(a)に示すように直鎖状のものである．PP，PA などがこれに相当する．この単純な直鎖状配列からずれると，幾何学的にかなり複雑な構造となる．PE では直鎖状のものは低圧法で重合し，高結晶性であり HDPE(高密度ポリエチレン)とよばれている．スーパーでの買物袋がこれからつくられている．これに対して台所にあるプラスチック製食品容器のふたなどは，図14(b)のようにランダムに枝分かれした PE である．これは高圧法で重合され，低結晶性で，LDPE(低密度ポリエチレン)とよばれている．PE にはこのほかに LLDPE(直鎖状低密度ポリエチレン)があり，その分子鎖の形は図14(c)のようになっている．これは低圧法で重合する LDPE で，結晶化度や溶融粘度などが制御しやすい PE である．さらに，図14(d)のような三次元網目の PE もあり，耐熱用ケーブルの被覆材などに使われている．この三次元網目はゴムやエポキシ樹脂などによくみられる高分子鎖の形である．ゴム特有の弾性はこの三次元網目に原因があることはすでに述べた．三次元網目を極度に

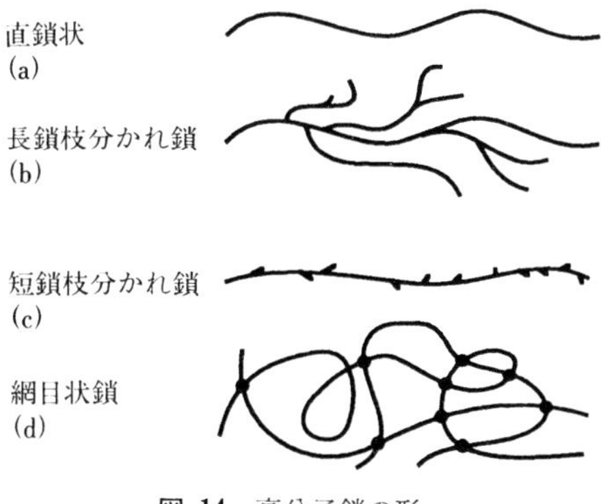

図 14　高分子鎖の形

進行させるとエボナイトや硬化後のエポキシ樹脂となる．無機ガラスも基本的には三次元網目構造をとっている．ただし，ガラス転移点が高いので室温ではゴム弾性を示さない．

これまでは高分子鎖の幾何学的な形に注目してきたが，異種の単位が鎖に共存する場合がある．直鎖状高分子が異種の繰り返し単位からできているとき，このような鎖は，直鎖状共重合体とよばれている．共重合体の性質は，それぞれの共重合単位(コモノマー)の化学的性質とその量ばかりではなく，鎖に沿ってその単位がどのように並んでいるのかにも大きく依存する．その単位の並び方に3種あり，その1つは**図15**(a)に示すAとBとの交互共重合体である．この場合には，ある鎖単位のつぎには必ず別種の単位が存在する．

もう1つの極端なものとして，ブロックあるいは秩序共重合体がある．この共重合体では，ある鎖単位のつぎには同じ種類の単位の連なる傾向が極めて強い(図15(b))．すなわち，ある種類の単位からなる長い鎖配列と別種の単位の長い鎖配列が交互になっている．

第三番目の分類としてランダム共重合体があり，これは異種単位が鎖に沿って無秩序に分布しており，その直鎖構造を図15(c)に示す．このランダム共重合体の代表的な例として高流動液晶性プラスチック材料がある．2種の高融点の芳香族コモノマーから，ランダム共重合体を合成することによって，比較的低融点の剛直鎖プラスチック材料が得られている．これらの剛直鎖プラスチック材

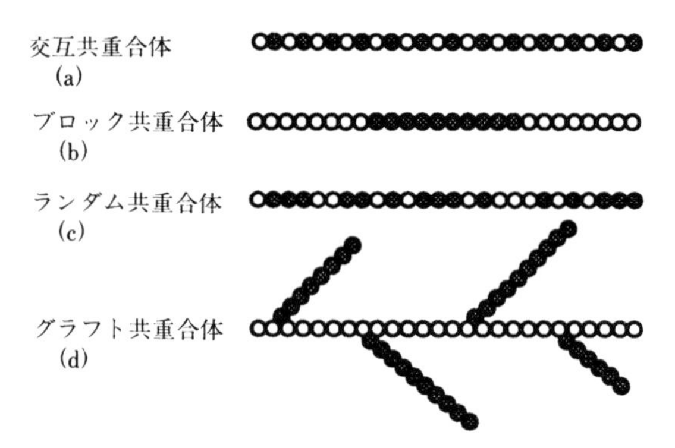

図 15 共重合体の種類

料は溶融可能であり，エンジニアリングプラスチックの重要な位置を占めている．

さらに，グラフト共重合体といわれる枝分かれ共重合体も合成されている．そのような分子を図15(d)に示している．この図からわかるように，分子の主鎖は，1種類の鎖単位からなり，他方，長い側鎖はこれと異なる種類の単位からできている．このような分子構造にすると，成形加工での流動特性を大きく変化させることができる．

(C) 分子量と分子量分布

分子量は原子量の和であり，主鎖の炭素数が20個のパラフィンは$CH_3(CH_2)_{18}CH_3$であるので，$(3+18\times2+3)\times1+20\times12=282$である．分子量がおおよそ1万前後から高分子とよばれ，プラスチック材料はこれ以上の分子量をもっている．

ところが，合成されたプラスチック材料の分子量が10万であるといっても，材料のなかの高分子鎖全部が分子量10万と揃っている可能性は少なく，ひとつのプラスチック材料のなかには非常に小さい分子量のものから大きな分子量のものまでが混在している．

一般のプラスチック材料が分子量の異なるものの混合物であることは，高分子化反応が確率の法則によって進むためである．PEなどの分子量分布は**図16**のようになっている．この場合には，図にあるように3桁も長さが異なる高分子

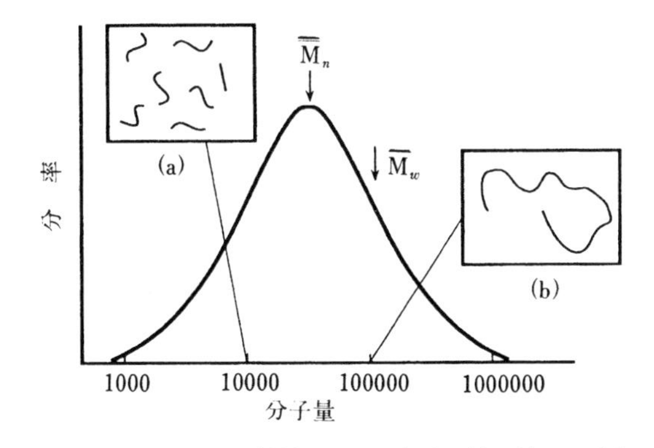

図 16 プラスチック材料のなかの高分子鎖の長さの分布

鎖がプラスチック材料中に存在することになる．図中(a)には分子量1万の長さの高分子鎖を，(b)には分子量10万のものを比較のために入れてある．実際のプラスチック材料には，このように長さが異なる高分子鎖が混ざっている．図中で示している平均分子量は，プラスチック材料のキャラクタリゼーション(特徴づけ)の1つとして用いられる．重量平均分子量 $\overline{M_w}$ は溶融粘度とよい対応関係にある．また，分布の広がりを特徴づけるパラメータとして，重量平均分子量と数平均分子量 $\overline{M_n}$ との比($\overline{M_w}/\overline{M_n}$)がよく用いられる．通常，縮合系のプラスチック材料ではこの比が2程度であり，付加重合系のプラスチック材料では5以上のものが多い．

索　引

【サ　行】

【タ　行】

【ナ　行】

【マ　行】

【ヤ　行】

【ラ　行】

【アルファベット】

第Ⅰ巻執筆者の略歴

小山清人（こやまきよひと）

1974年　山形大学大学院修士課程修了
1974年　山形大学工学部　助手
1987年　同　助教授
1992年　同　教授
2004年　山形大学　工学部長，理工学研究科長，現在に至る
工学博士

佐藤　勲（さとう　いさお）

1983年　東京工業大学大学院修士課程修了
1984年　同　博士後期課程中退
1984年　東京工業大学工学部生産機械工学科助手
1990年　同　助教授
2000年　同　教授，現在に至る
工学博士

横井秀俊（よこいひでとし）

1983年　東京大学大学院工学系研究科第一種博士課程修了
1983年　東京大学生産技術研究所第二部講師
1985年　同　助教授
1997年　同　教授
1998年　東京大学国際・産学共同センター教授
工学博士

※2005年２月現在

テキストシリーズ　プラスチック成形加工学 I
流す・形にする・固める

2011年11月9日　第1版第1刷発行

編　　者　㈳プラスチック成形加工学会
発 行 者　森北博巳
発 行 所　**森北出版株式会社**
東京都千代田区富士見1-4-11（〒102-0071）
電話 03-3265-8341／FAX 03-3264-8709
http://www.morikita.co.jp/
日本書籍出版協会・自然科学書協会・工学書協会　会員
JCOPY ＜（社）出版者著作権管理機構 委託出版物＞

落丁・乱丁本はお取替えいたします　　印刷・製本／藤原印刷

Printed in Japan／ISBN978-4-627-66911-6

流す・形にする・固める［POD版］

2021年6月18日　発行

編　　者　（社）プラスチック成形加工学会
発 行 者　森北博巳
発 行 所　森北出版株式会社
東京都千代田区富士見1-4-11（〒102-0071）
電話 03-3265-8341／FAX 03-3264-8709
https://www.morikita.co.jp/

印刷・製本　大日本印刷株式会社

ISBN978-4-627-66919-2／Printed in Japan